"十四五"时期国家重点图书出版规划项目

图文中国古代科学技术史系列·少年版

丛书主编：戴念祖　白　欣

炼丹炉里的神奇变化

吴育飞◎主编

河北出版传媒集团

河北科学技术出版社

·石家庄·

图书在版编目（CIP）数据

炼丹炉里的神奇变化 / 吴育飞主编 . -- 石家庄：
河北科学技术出版社, 2023.12
（图文中国古代科学技术史系列 / 戴念祖，白欣主
编 . 少年版）
ISBN 978-7-5717-1363-8

Ⅰ . ①炼… Ⅱ . ①吴… Ⅲ . ①化学史－中国－古代－
青少年读物 Ⅳ . ① O6-092

中国国家版本馆 CIP 数据核字 (2023) 第 034324 号

炼丹炉里的神奇变化
Liandan Luli De Shenqi Bianhua
本书主编　吴育飞
参编人员　苑社民　杨孟刚　吴玮璇　李　华

选题策划	赵锁学　胡占杰
责任编辑	胡占杰
特约编辑	杨丽英
责任校对	张　健
美术编辑	张　帆
封面设计	马玉敏
出版发行	河北出版传媒集团　河北科学技术出版社
地　　址	石家庄市友谊北大街 330 号（邮编 050061）
印　　刷	文畅阁印刷有限公司
开　　本	710mm×1000mm　1/16
印　　张	11
字　　数	172 千字
版　　次	2023 年 12 月第 1 次印刷
印　　次	2023 年 12 月第 1 次印刷
书　　号	ISBN 978-7-5717-1363-8
定　　价	39.00 元

序

　　党的二十大报告明确提出"增强中华文明传播力影响力，坚守中华文化立场，讲好中国故事、传播好中国声音，展现可信、可爱、可敬的中国形象，推动中华文化更好走向世界"。

　　漫长的中国古代社会在发展过程中孕育了无数灿烂的科学、技术和文化成果，为人类发展做出了卓越贡献。中国古代科技发展史是世界文明史的重要组成部分，以其独一无二的相对连续性呈现出顽强的生命力，早已作为人类文化的精华蕴藏在浩瀚的典籍和各种工程技术之中。

　　中国古代在天文历法、数学、物理、化学、农学、医药、地理、建筑、水利、机械、纺织等众多科技领域取得了举世瞩目的成就。资料显示，16世纪以前世界上最重要的300项发明和发现中，中国占173项，远远超过同时代的欧洲。

　　中国古代科学技术之所以能长期领先世界，与中国古代历史密切相关。

　　中国古代时期的秦汉、隋唐、宋元等都是当时世界上最强盛的王朝，国家统一，疆域辽阔，综合国力居当时世界领先地位；长期以来统一的多民族国家使得各民族间经济文化交流持续不断，古代农业、手工业和商业的繁荣为科技文化的发展提供了必要条件；中国古代历朝历代均十分重视教育和人才的培养；中华民族勤劳、智慧和富于创新精神等，这些均为中国古代科学技术继承和发展创造了条件。

　　每一种文明都延续着一个国家和民族的精神血脉，既需要薪火相传、代代守护，更需要与时俱进、勇于创新。少年朋友正处于世界观、人生观、价值观形成的关键期，少年时期受到的启迪和教育，对一生都有着至关重要的影响。习近平总书记多次强调，要加强历史研究成果的传播，尤其提到，要教育引导广大干部群众特别是青少年认识中华文明起源和发展的历史脉络，认识中华文明取得的灿烂成就，认识中华文明对人类文明的重大贡献。

河北科学技术出版社多年来十分重视科技文化的建设，一直大力支持科技文化书籍的出版。这套"图文中国古代科学技术史·少年版"丛书以通俗易懂的语言、大量珍贵的图片为少年朋友介绍了我国古代灿烂的科技文化。通过这套丛书，少年朋友可以系统、深入地了解中国古代科学技术取得的伟大成就，增长科技知识，培养科学精神，传播科学思想，增强民族自信心和民族自豪感。这套丛书必将助力少年朋友成为能担重任的国家栋梁之材，更加坚定他们实现民族伟大复兴奋勇争先的决心。

戴念祖

2023 年 8 月

前　言

中国是世界四大文明古国之一，我们的祖先早在180多万年前就开始利用自然火，在随后漫长的岁月里，有意或无意中看到了伴随而生的各种惟妙惟肖的物质变化。

从夏商周到明清约4000年时间里，古代中国实用化学工艺特立独行，成果繁花似锦。商周青铜映射出宏大的冶炼规模；汉代琉璃、唐宋瓷器，光耀世界。酿造技术为丰收后的农耕前辈带来了劳作之余的酒醋。

炼制丹药就是古人在对物质变化的认识基础上，为追求长生不老和金银财富而有意识地改变物质的活动。虽然这种活动在现在看来显得幼稚可笑，但的确是在错误目标指导下，实实在在进行了许多窥探物质世界变化奥妙的活动，也初步构建了人类最初的化学世界景象，所以炼丹术就是化学的原始形式。本书就是围绕"炼丹炉里的神奇变化"这一核心内容寓意了我国古代造化万物的化学实践活动与成果。

在随后的生活中，中国的先民利用掌握的化学知识，为美化生活探索了色染原料的生产与加工；为丰富食味资源探索了盐的浓缩、分离和提纯技术，探索了糖的提炼、结晶工艺。而造纸术和黑火药更是中华民族曾经独步世界的化学辉煌：造纸术的出现为中国唐宋盛世的到来与西方文化运动的传播提供了载体保障；黑火药的出现结束了冷兵器时代，逐步推进了世界一体化的进程。

本书以图文并茂的形式为少年朋友们展示了中国古代化学悠久的历史和光辉的成就，展示了无数先人在科学探索道路上的精彩故事。如果本书能使少年朋友们走近科学感受到化学的奥妙，让化学陪伴你们的成长，我们将倍感欣慰。

编　者

2023 年 6 月

目 录

一、远古人类发现的物质变化——化学变化

生活中的许多化学现象与我们人类有着非常古老的历史渊源，当然，并不是说远古时代已经诞生了化学科学，而是从我们今天化学的视角理解，这些古人的实用生产中蕴含了化学的某些概念内容。

火的利用与钻木取火

人类生活在这个不停运动、不断变化的物质世界中，大自然的许多化学现象，如森林失火、动植物腐烂变质、空气和水对物品的侵蚀，不断地刺激着人类的感官，一次又一次地印入人们的脑海，其中在这些属于化学现象的自然现象中，对人类刺激最深，也是最早认识并有意识地控制、利用的就是火的燃烧现象。

熊熊燃烧的山火

1. 利用野火与提高生活

原始人生活的环境中，陨石降落、火山爆发、闪电击中长时间堆积

的枯叶和被大风剧烈摇曳的树枝等都可能引发山火，熊熊燃烧的火焰像可怕的恶魔，最初会导致原始人和其他动物一样，惊恐万分，逃之夭夭。但大火过后，他们不得已还要回到被烧毁的生活栖息地，鲜活的食材没有了，无奈之下，只能捡起烧过的动物尸体和野果来果腹充饥。然而，就是这一举动让他们发现，熟食比生食更加美味可口。

原始人利用山火　　　　　　　　　　　人类进化示意图

云南元谋人遗址

于是，原始人想到了利用已有的火来烤制其他兽肉和植物根茎，从开始的尝试慢慢成为一种生活必需和生活模式。这个变化对于原始人类的进化非常重要，除了饮食味道的升级和结束了茹毛饮血的生活，更重要的是熟食的采用易于消化、促进吸收、增强体质、减少疾病、延长寿命。从利用山火开始，人类的生活开始出现了质的提高。同时，熟食能够为人类脑髓的发育提供更多直接的营养，促进了人类智力的逐步提高，由火而导致的熟食加快了人类的智力提升。

烧烤制作熟食本身就是一个化学变化过程。虽然我们的先人在很长的时间内没有认识到这一劳动过程的科学本质，但他们已逐渐感悟到许多物质可以通过火的高热作用而发生本质的变化。

人类的出现已有 300 多万年。从目前考古发现证实，我国境内有许多早期人类用火的遗迹，如云南元谋人遗址（距今约 170 万年），山西芮城西侯度遗址（距今约 180 万年），这些遗址的化石黏土层中都有大量的炭屑和烧过的动物骨骼，而且逐堆分布，说明这不是自然的野火，而是人类有意识用火的遗迹。

2. 保留火种与劳作模式

早期的人类对于用火的好处有切实的感受，人们已经逐步习惯了上天送火带来的恩赐，从而变得欲罢不能。但自然引发的山火不是时时都能得到的，如何能将这种偶然所得变为长期拥有呢？人们想到了延续的方法，即保留火种。

北京周口店遗址

著名的北京房山区周口店遗址，距今 50 多万年。在遗址的猿人洞穴中，发现洞中上、中、下三层都有很厚的灰烬层，最厚的地方约有 6 尺；周围的石块有的熏黑、有的烧裂、有的已经烧成石灰状，并伴随有许多炭屑。据推测这是约百年以上持续用火的遗迹。

猿人学会保留火种

保留火种曾是原始人群的一项重要任务，一般都是由年长且经验丰富的人来保管。长期用火，使原始的生活环境变得明亮，劳作后的夜晚，大家围坐火堆旁，可以进行更多的生活娱乐活动；使生活环境变得更加温暖，能抵御寒冷的侵袭和湿寒的困扰；使生活环境变得更加安全，火使野兽恐而避之，从而把人与其

猿人夜晚围火娱乐

他动物的生活空间分开。通过保留火种，人类用火的生活从偶然变为持续，从根本上改变了原始人类早期的生活作息模式。

3. 人工取火的创新开端

保留火种稳定了原始人的用火模式，但是，这种方法也并非万无一失，如遇到狂风暴雨、洞穴坍塌、守火者意外的失误等，都可能导致长期保留的火种毁于一旦，这给已有的生活带来了很多不便。如何摆脱对自然恩赐的依赖，将被动的获取变为主动的创造？在逐步的探索中原始人发现了人工取火的方法。

钻木取火

在生活实践中，摩擦能生火的现象慢慢引起了原始人的注意。在打制石器时，有些石块的撞击会产生火星，但这种火星很难变成火焰。但在使用木质工具时，发现有些干木长时间相互摩擦，会发热、焦煳、黑化，当摩擦升温到一定程度，甚至还会出现火星，若周围有软细干草的物质，就能引燃出现火焰，摩擦生火的方法由此被发现。

从保存火种到摩擦取火，至少经历了数十万年。远古的钻木取火工具，由于是木质的，年代久远，腐烂分解，在考古中很难发现了。关于摩擦取火具体起源于何时已难以确定了，但在早期文献如先秦古籍《韩非子·五蠹》中确有这种方法的相关记载。

钻木取火的工具和方法

钻木取火是摩擦取火的一种，在我国古代使用了很长一个时期。据

技术模拟实验推测，当时是用一根硬木棒作为钻棒，下铺一个软木块，钻木棒长时间快速旋转后，软木块就会升温、焦化、起烟、火星，引燃旁边的软草，遇风出现火焰。据对我国偏远森林地区的云南佤族和海南黎族的考察，他们直到20世纪中叶还在使用这种取火方法。

后来，钻木取火方法又演进为锯木取火，即将齿状竹片或木片与硬木相摩擦而发热起火。如先秦古籍《庄子·外物》中"木与木相磨则燃"就是指这种方法。假若你想亲自体验一下，会发现无论钻木取火还是锯木取火，做起来并不容易，所以，即使原始社会发明了钻木取火的方法后，生食并没有结束，而是相伴很长时间。

原始社会时期火的利用、控制，对人类文明的发展意义重大。它使原始人把握了一种神奇的自然能源，推进了人的自身进化，发明了用烧制黏土制造陶器，导致金属冶炼的出现。这些人工材料的进阶实现了生产工具和生产能力的创新提高，同时也为后来的早期化学工艺的出现奠定了技术基础。

始于篝火的陶制材料

制作陶器使我们的先人获取了第一种人工材料。中国的陶器以其精湛的制作技艺、悠久的发展历史、独有的民族特色，成为世界古代灿烂文化的重要组成部分，也成为人类文明史上的一个重要研究对象。

陶器生产中陶土的选取加工、焙烧成型、温度与气氛的掌控，以及成色机理等一系列技术工艺都与化学密切相关。所以，远古制陶工艺是早期化学工艺的重要组成部分，是古代人类探索认识化学的先声。

1. 原始社会的陶器肇始

按人类生产工具的划分，原始石器时代可分为以砍砸方法制作的旧

石器、以磨制方法成型的新石器时代两个阶段。而新石器又是以磨制石
器为开端，以原始陶器结束为标志的。

　　我国各个早期文化发源地
大约在两万年前进入磨制工艺
的新石器阶段，这种新石器的
出现提高了器型的人工化程
度，由此做出的专有工具和复
合工具具有了简便和高效的加
工和生产功能，无论是对于当
时刚刚触及的"刀耕火种"初
始农业，还是对于狩猎加驯养
的初期畜牧业，都大大提高了
人们的生产能力。

新石器工具

刀耕火种农业

大约在距今一万年前，随着新石器时代的推进，生活已不仅是采集和渔猎等对自然资源的直接使用，在平原地区出现大面积生产粮食的稳定农业，而在草原地区则出现了较为稳定的畜牧业，产生了人类历史上第一次社会大分工，人们开始过起较安稳的定居生活。

磨制石器与陶制器皿

生产的发展与生活水平的提高，单靠磨制石器加工简单的物品尚可，但已经满足不了人们对工具器皿数量和复杂形状的要求，如烹煮器、提水器、粮食贮存器以及像纺锤、纺轮之类，都是用石料无法快速磨制出的工具。陶器正是为适应社会生活发展需要而发明出的一种新材料，并由此衍生出丰富多彩的新工具、新产品，它的出现也与磨制石器一起共称为新石器时代前后两个重要标志。

关于陶器最初是怎样发明的？按照原始人早期生活方式和技术从低到高的发展逻辑，人们有几种推测。有人设想：可能是原始人类发现黏土与水混合可形变的特点，把它捏制成型，做成把玩物品或图腾物，干化后的成型物件遇到篝火会进一步硬化甚至变色，但与以往不同的是硬物不再怕水，遇水不会再恢复到原来的泥土状态，于是进一步想到捏制并烧出适用的、不怕水的、硬质的、复杂形状的器皿。

当然，也有人认为：最早盛放生活材料的器皿有枝条编制的，原始人为了使其耐火和致密无缝，会在器皿内外抹上一层泥，干化后在使用的过程中，这些器皿即使被火烧过，木质部分被高温炭化了，却发现黏土部分不仅能保留下来，而且比原有的泥块硬度更高，仍可使用，同样得到了用这种方法制作其他物品的启示。

当然各地区最初陶器的产生过程也不会完全遵从一个相同的模式。但要取得完整的经验技术，在远古时代却需要经过一段漫长而艰苦的探索岁月。

泥土是由最初的地表岩石经过长期的风化剥蚀而来的，相对浅度的变化形成的是砂石，深度变化形成的是泥沙。制陶的原料主要是黏土矿物，它的泥土粉末成分有石英和长石，还有少量的赭石土和云母，这些成分是一般土壤中都具备的，只是各自在含量上有所差异。

石英　　　　　　　　　　　　　长石

赭石　　　　　　　　　　　　　云母

当人们把土塑造成泥坯放入烈火中，焙烧达到一定温度时，泥土中这些成分就会相互发生化学反应，其中有一部分还会烧融成液化玻璃相，并与其他组分黏结起来，冷却后形成一个烧结的整体，这个烧结物中的成分已不同于过去的泥土，这就产生了一种新的物质——陶制材料。

烧结所需要的温度与黏土的成分有关，黏土成分不同，使其熔融的温度也不同。而对于同一类黏土，焙烧温度越高，熔融烧结程度也越高，冷却后也就更加坚硬。

　　原始陶器是人类基于用火实践，通过化学过程改造自然，产生出第一种自然界不存在的新物质，这种从无到有的出现堪称远古人类进步史上的一项伟大创举。

原始陶器

2. 仰韶文化的红陶彩陶

　　人类对泥土性质的掌握和用火方法为陶器制作奠定了技术基础，原始农业和畜牧业的发展又为陶器的出现提供了社会需求条件。以往一直认为我国最原始的陶器大约出现于新石器时代，即江西万年县大源仙人洞遗存，那里发现过一个新石器时代早期的洞穴，从中挖掘出了数十块陶片。陶片外观看起来质地粗糙、厚薄

仙人洞遗址修复陶器

不均、凹凸不平，说明最初是手工制作泥坯；陶片里混杂着许多石英砂粒，质地松脆易碎，说明这些早期的陶器缺少选土炼泥的泥土深度加工工序；陶片颜色以红褐为主，也有少量的红、灰、黑三种局部杂色，说明是以露天且温度不均匀的低温篝火烧制的，这也是火候不均的体现。但2010年后，河北省保定市徐水区南庄头遗址出土的陶器，将有陶新石器年代的时间前推到距今一万年左右的时间。

南庄头遗址

仰韶文化初期陶器

我国原始社会最后的两千年左右，即距今6000多年前，原始陶器有了明显的发展，出现了基色是灰红色或红褐色的陶器，我们称之为红陶。这也是我们中华民族历史中仰韶文化的代表作。

红陶与原始陶器相比，具有以下变化：（1）质地细腻，说明对泥土原料加工有了淘洗和澄滤；（2）器型厚薄均匀、端正对称，说明制坯时以使用泥条盘筑法；（3）陶器上有纹饰与彩绘，说明已经对实用产品进行了美化加工，也成为研究原始社会生活内容的重要依据；（4）陶器硬度较大且质地均匀，估计温度达到了900℃以上，表明烧成时已不再使用篝火，而是采用了窑内烧制。

以红色为主的彩绘陶器又称为"彩陶"。其涂料经过科学检测,红褐色条纹是用赭石粉着色的,即天然赤铁矿粉;黑褐色用的是铁锰矿石粉;白色是用白土(主要成分是硅酸铝)呈色的,这是我国先民使用矿物颜料的开端。

西安半坡遗址属于仰韶文化的一部分,那里曾发现了仰韶文化陶窑。它们分为横穴窑、竖穴窑两种,横穴窑的火腔位于窑室的前方,是一个略呈穹形的筒状通道,后部有三条大火道倾斜而上,火焰由此通过火眼达到窑室,窑室平面呈圆形,直径约1米,火眼均匀分布于窑室

仰韶文化白衣彩陶

的四周。竖穴窑的窑室则位于火膛之上,火膛为口小底大的袋状坑,亦以数股火道通于窑室。两种窑相比,竖窑较为进步,因其窑室内燃料燃烧更充分,温度较高,火力也较均匀。从横窑到竖窑,也是我们的先人经过长时间的探索比较而后改进才逐步实现的。

3. 龙山文化的灰陶黑陶

灰陶黑陶使用的原料仍是细黏土,但陶器色泽黑灰或乌黑,这是由于陶坯泥土中所含的氧化铁使用竖窑的还原性烧成气氛中生成了黑色四氧化三铁所造成的。在陶器的烧制即将结束时,最初为了加快冷却速度,封闭窑顶和窑门,并从窑顶向下徐徐加水,水与炙热的炭火作用可生成一氧化碳和氢气,这两种都是强还原性气体,将开放性烧

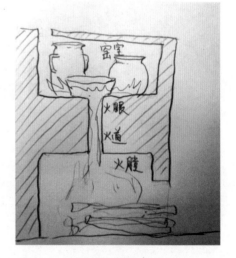

原始制陶竖穴窑

制时生成的三氧化二铁红色物质还原成四氧化三铁黑色物质，这样黑灰色就出现。如果进一步向下渗水，炭烟升起，灰陶表面受熏渗碳，黑灰色表面又进一步变成乌黑的表面，这种陶则叫"黑陶"。

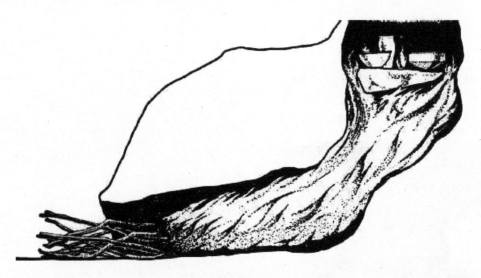

原始制陶横穴窑

大量黑陶的出现见于距今4000年前，即新石器时代的后期。相对于红陶，黑陶制作工艺更加精巧，陶形端正秀雅、对称性极好，质地

龙山文化灰陶　　　　　　　　　　龙山文化黑陶

非常均匀坚硬。其中边壁极薄的产品，又被称为薄壳黑陶中"蛋壳陶"。黑陶因最初于 1930 年在山东省章丘县龙山镇城子崖发掘而出现"龙山文化"一词，这种黑陶内壁有明显的圈纹，表明当时已采用了旋转盘式慢轮制陶工艺。黑陶被视为龙山文化的代表作，所以龙山文化又称作"黑陶文化"。

4. 异军突起的龙山白陶

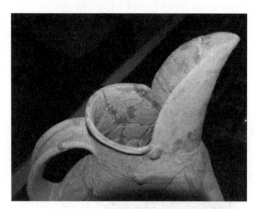

龙山文化白陶

与灰陶和黑陶的用料不同，龙山文化后期出现的白陶是用白色黏土制成的，主要成分是硅酸铝，其中的白色氧化铝的含量格外高，可达 30% 以上。由于氧化铝的熔点高，这种白色黏土的烧成温度也要求较高，在 900℃以上，一般使用竖穴窑，即使这样其烧结的程度也较红陶、黑陶要低，硬度小，所以极少有完整的白陶出土。这种白色黏土中的呈色物质氧化铁含量明显地低于其他黏土，在焙烧过程中既不会使陶体变红，也不会使陶体变黑，总是保持相对的洁白。

白陶比黑陶出现稍晚，最早的距今也要 4000 多年，即龙山文化时期后期。但大量制作大约已是商朝中后期。出现的地点也很有限，主要在北方，这显然与当时已经发现的白土资源有关。白土的可塑性好，陶坯的器壁常以精美的外凸印纹来装饰，然后再用较高温度烧制而成，使白陶制品质地坚硬、器形壁薄，较红陶时期的彩绘制品显得更精致典雅。

冶铜开启的金属发端

    通过原始陶器制作数千年的探索实践，对陶窑的不断改进逐渐能获得接近1000℃的高温，在烧制出质地坚硬的优质陶制器皿的同时，具备了金属冶炼所需要的盛放工具和高温条件。在此基础上，距今4000多年前的新石器后期，中华先人开始初入金属时代。

    虽然现代社会金属铁的使用远多于金属铜，而且地球矿石储量中，铁的数量也远大于铜。但从人类开发和使用金属的历史看，无论中国还是世界其他古老文明发源地，都是铜器先于铁器，这是一个普遍规律。

    原因主要有以下三点：（1）自然界中有紫红色的单质铜，但没有铁单质，即使有少量天外陨铁，色泽很晦暗，不如铜容易被识别；（2）炼铜使用的铜矿石主要为孔雀石、蓝铜矿、赤铜矿，分别是翠绿色、深蓝色、红色，颜色鲜艳，比铁矿石更易引人注目；（3）铜的熔点1083℃，而铁的熔点1535℃，按当时高温技术掌握情况，炼铁的难度要大得多。特别是木炭对铜矿在固态状况下的还原反应仅需500—600℃，从早期人们获取高温的能力看，确实炼铜比炼铁要容易许多。

孔雀石矿石

蓝铜矿石

赤铜矿石

铁矿石

在我国甘肃省武威市皇娘娘台的齐家文化（距今 4000—4500 年）遗址，出土过 30 余件铜器，包括刀、锥、凿、环等，属于天然单质铜锻造而成。其依据是经化学分析，铜器中铜的含量竟达 99.6% 以上，说明没有经过熔炉，不含碳等熔渣等，仅含天然铜中所普遍具有的微量锡、铅、锑、镍等。

齐家文化铜器残片

而在这个遗址的大河庄和秦魏家两个遗址中，有些小件铜器，含5%左右的铅；在河北省唐山出土的一件铜耳环，属龙山文化，含有明显量的锡和少量铅；在山东省胶州市龙山文化遗址，出土的一支铜锥，除含少量铅、锡外，又含锌在20%—26%。这些铜器已不再是天然铜锻造而成，而是从铜矿石熔融冶炼得到的。

齐家文化青铜器

　　距今4000多年前的甘肃省永清县辛店文化遗址、山东省诸城龙山文化等遗址中，除了红铜器碎片，还发现有炼铜用的孔雀石铜矿和铜炼后的余留渣；在河南省临汝龙山文化晚期遗址中，还有用于熔融冶铜的盛放工具，即陶制坩埚残片，说明当时这些地区已不再是加热锻造天然纯铜，而是进入了利用铜矿石冶炼生产铜的阶段。

　　天然的红铜单质质地较软，既不适合制造工具，也不适合打造兵器。在后期逐步的探索中发现，若将红铜或铜矿石与锡矿石、铅矿石合炼，可生成一种合金产物，其硬度大，熔点却低。当锡铅占比25%合炼时，熔点为800℃左右，明显降低了冶炼熔铸的温度条件，这在当时也是一个了不起的发现。用这种方法得到的合金铜器放久了，表面多呈青绿色，故习惯上称为"青铜"。

原始农耕时期的谷物酿酒

仪狄像

远古时期，我国利用微生物发酵技术中最重要的是造酒。尤其是我们祖先对"麯"的首创和发明，为古代科学的兴起做出了杰出的贡献。

关于中国酿酒的起源，有许多传说。如传说发生在原始社会和奴隶社会衔接段的夏禹时期，有一个名叫仪狄的人发明了造酒；也有人说是一个叫杜康或少康的人先造酒。

暂且不论以上传说哪个正确与否，但把这种复杂的技艺发明归功于某一个人的智慧，从早期技术的发展规律看是不妥当的。因为我国古代最先出现的是粮食酒，从粮食转化为酒并不是一个简单的化学变化过程。

最早的酒类，可以从野果酵化得到果酒，也可以从粮食

传说中的仪狄造酒

发酵得到酒类，而我国早期出现的是粮食转化而来的酒类。因此，应该是在原始农业出现之后，有了多余的粮食，才有了早期的酿酒技术和酿酒业。

我国新石器时代后期，距今4000—5000年的龙山文化时期，如山东省龙山等地，由于新石期复合工具（石镰、蚌镰等）的出现，原始农业的生产能力明显提高，很多地方农业兴起，粮食产量明显增加，除日常食用外，还有很多剩余。这个时期的遗址中，除粮食储器，还发现了

相当多的陶制酒器。我国在龙山文化时期已初创酿酒技术，到了奴隶社会初期的夏朝已经有了一定的经验和规模。

酒是含乙醇的饮料，但粮食是怎样变成乙醇的？

其实，谷物粮食并不能直接发酵转变为酒。但是当谷粒（如麦子、玉米、稻子）受潮发芽时，谷芽就会自发地分泌出一种糖化酵素，将谷粒中的淀粉水解成麦芽糖，以作为它后续发芽生根的营养。接着，麦芽糖又会在酵母菌分泌的酒化酵素（酶）的作用下被氧化而成乙醇，酒由此产生。麦芽糖与蔗糖、葡萄糖、果糖等都属于简单的糖类，都能在酒化酵素（酶）的作用下转变成乙醇。水果中就含有这几种简单的糖类，所以从水果中得到乙醇比从粮食中得到要直接和简单。

可以想象，远古的人类由农业生产收获到谷物，但由于缺少良好的谷仓和贮粮器皿，天阴下雨时粮食受潮、受淋的情况是常常会发生的，当这些粮食与空气中浮游的酵母接触，这就会使我们远古的祖先们有机会品尝到少量麦芽糖的甜味和醇香的酒味。当然，天然微生物种类很多，在这种转化得到的产物中，甜味和酒味只是其中复杂的味道之一或之二。

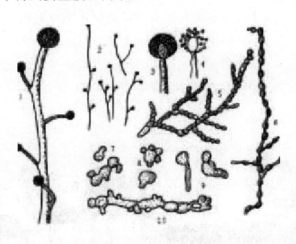

丝状真菌

随着时间推移，我们的先人慢慢总结并探索出用发芽（糖化的）谷物作原料有意识地酿酒了。这种发芽（糖化的）谷物称为"蘖"。因此，用蘖酿酒是粮食酒的源起和最早的方法，它的出现属于一个自然发生的过程，不会是某一具体人在具体时间发明的。

还有一项非常卓越的发明，是在我国历史的早期阶段，用发芽同时发霉的谷物作引子，来催化蒸熟或者碎裂的谷物，使它转变成酒。古籍中将这种作为引子的谷物称"麯（曲）蘖"。它的酿造原理大致可表述为：那些发芽的谷物当与空气中飘浮着的丝状毛霉菌的孢子接触，就会在其上生成丝状的毛霉，接着毛霉可以分泌出糖化酵素；另外，发霉的谷物上总还同时滋生着酒化酵母菌，因此"曲蘖"便具有使粮食中淀粉糖化和使简单糖类乙醇化的综合功能，最终使谷物转变成糖后再转变成酒。

原始粮食加工

多种曲菌所分泌的糖化酶对淀粉的转化作用要远胜于麦芽酶，所以曲蘖酿酒效率较高。人们利用曲蘖酿酒，便会感悟到：只要把谷物蒸煮，放置在空气中，环境适当时就可以发霉变曲，可省去发芽的步骤，将收获的富裕粮食直接用来酿酒。

早期酿酒工艺示意图

天然色料的早期运用

在新石器时代的中期，即 6000—7000 年前，我国先民就已经用赭土粉（赤铁矿粉）将当时的粗麻织物染成红色。但矿物颜料不是染料，由于色料颗粒较大，染色后的附着力不强，颜色不均匀，色泽单调，也缺乏鲜艳和光滑柔软的特点。

当远古的人们采摘、摆弄鲜花野草时，手上和衣服上会接触到某些花草中的浆汁，会被染上颜色，在一定的时间内，颜色可以稳定存在，于是人们很自然地会想到利用它们来染色了。在后来的染色探索中，人们发现用天然植物色素作为染料，其染色效果明显好于矿物颜料，弥补了以上若干缺陷，所以矿物颜料除用在少量的织物彩绘外，逐渐被淘汰。

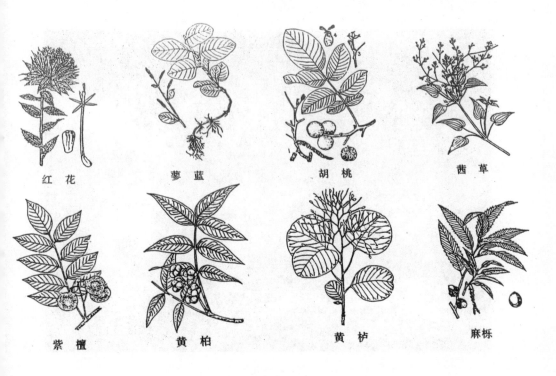

红花　　蓼蓝　　胡桃　　茜草

紫檀　　黄柏　　黄栌　　麻栎

我国古代利用的一些染料植物

新石器时代中期，我国先民已开始用天然植物色素作为染料了，那时的人们能用植物色素把动物毛发织成的毛线染成黄、红、褐、蓝等颜色，然后织出带有彩条的毛布。

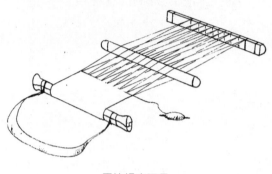

原始织布工具

开始是把植物的花、叶搓成浆状物用于染色，但织物染色后浆状渣物附着太多，去除麻烦。随后逐渐发现用温热水浸渍色素的方法来提取植物中的染料。选用的植物部位也逐渐从花、叶扩展到枝条、树皮、块根、块茎还有果实。通过长期的比较，人们逐步筛选出特别适宜作染料的若干种植物，例如用蓝草来染蓝，

原始织物染色

用黄檗（bò）来染黄，用茜草来染红；又分别探讨出不同染料的浸染习性和必要的加工工艺。随着早期染料的使用量猛增，人们从自然采集阶段又逐步发展到规模栽培种植的阶段，和原始农业一样，进入了人们主动生产植物染料的时期。

二、人工材料的赓续——陶瓷玻璃

殿宇琉璃与大唐三彩

在原始陶器制作的基础上，我国进入奴隶社会后，由于用火的高温技术和泥土选料加工水平的不断提高，陶器在继续发展中先后出现了硬陶、釉陶，随后在二者融合的基础上，又产生了用于宫殿、庙宇等建造的以琉璃质为表层的陶制建筑材料，以及颇具艺术观赏价值的唐三彩瓷器。

1. 始于夏朝的高温硬陶

早期硬陶的出现时间相当于中原夏朝时期，例如在江西清江县筑卫城遗址中层里发掘出的印纹硬陶，据对文物中碳的同位素 C-14 的测定，距今 4000 年左右。

印纹硬陶

印纹硬陶是原始陶器后首先出现的进阶产品，它的主体材料部分即胎质比普通泥质或夹砂质陶器要细腻、均匀、坚硬。其中氧化硅和氧化铝的成分明显地比过去的红陶要高，氧化钙、氧化镁的成分相对较少。因此，800—900℃的烧成温度已经不够了，而需要1200℃左右的高温，才能使这类陶器形成高温下的深度烧结、质硬不裂，故称为硬陶。又由于这类陶器表面常拍印各种图形纹饰，又被称为"印纹硬陶"。不同原料黏土中含铁量和烧成温度、气氛等不同，产品会呈现出以褐色为底，紫、红、灰、黄等不同颜色的硬陶品种。

2. 殷商开创的施釉陶器

表面光亮的釉陶最早是在我国殷商时期出现的。印纹硬陶后另一个原始陶器的进阶产品是表面有光滑釉质的陶器，即釉陶。最初的釉陶就是陶器的胎质内里，加上外表的玻璃釉层。

高温釉

釉陶比普通陶器表面多出的这层光滑透明的玻璃釉层，据考古专家分析，它是先民们在陶坯成型后，在表面刷上了石灰石、方解石粉末做的白色灰浆，原本希望得到白色美观的产品，结果在烧制过程中，石灰石、方解石中分解出的氧化钙（即石灰）和草木灰中含有的氧化钾，它们与黏土中氧化硅等在高温下，生成了一种透明的玻璃物质，也叫石灰釉。这种釉的烧成温度相对较高，所以又称作高温釉。

陶坯黏土中含有呈色物质氧化铁，它在不同的温度和烧成气氛中具有多变的"面孔"。如果在还原性气氛中烧成，陶釉会呈现青黄色，即青釉，相应的陶器就称作青釉器；如果在氧化性气氛中烧成，呈灰黄色或褐色。例如，中原的郑州二里岗商朝遗址中，就出土过豆青色的布纹陶尊。釉陶相对于过去的硬陶又是一个升级产物，它表面光滑、美观、不渗水、易清洗，适于制作贮水器、酿酒器和水管、房瓦等。

低温的铅釉。原始釉陶出现后经历了一千多年的时间，在石灰高温釉的基础上，又出现了实用性很好的低温釉陶。与石灰釉不同，低温釉的发明有两种可能的途径。一种是在我国早期青铜生产中铅玻璃的发明作为基础，起源于中国本土的玻璃就是以氧化铅为助熔剂烧成的，量少可附着在陶器表面成为釉层，量多则为滴落的玻璃体，这种产品出现在战国末期或秦汉之际，即中国奴隶社会与封建社会的转型期。另一种途径是进入封建社会后，特别是西汉开始，炼丹术的出现，也对另一途径的低温铅釉的出现产生了推助作用。中国早期炼丹术的反应器多是土釜，并以黄丹（即氧化铅）涂于表面，长时间焙烧会造成黄丹与泥土成分生成一层光滑透明的玻璃铅釉，这种铅釉大约出现于西汉的汉宣帝时期，到东汉时期得到了普及性的发展。

玻璃铅釉

铅釉工艺是以黄丹或铅粉（碱式碳酸铅）为助熔剂，先与石英粉或白黏土混合后制成刷涂于陶坯表面的陶衣浆，再在大约800℃的窑温下烧出釉层。相对于石灰釉，它的烧成温度低了400℃左右，被称作"低温釉"。以往高温烧成的石灰釉，会因各种成分高温下熔融程度不同出现橘皮状；又因部分泥土材料高温分解气化出现针孔；又因需要1200℃高温，造成釉层尚未出现而内坯已经熔融的"软胎"现象。当铅釉出现后，降低了制作工艺中高温技术的难度，也提高了釉陶的质量，成为我国独具特色的传统产物。

在创始之初，陶工还往陶衣浆中添加少许孔雀石粉或赭土。烧成深绿色、黄褐或棕红等釉色。其中的铜绿釉，不仅有翡翠般的美丽，而且釉层平整爽滑，光彩照人，是我国先民有意识地制作彩色釉的先期作品。

3. 富丽堂皇的汉朝琉璃

从东汉末年到三国两晋时期由于战乱，生产停滞，工匠流离失所，我国传统铅釉技术几近失传。直到南北朝的北魏时期，社会相对稳定，这一技术才得到传承与发展。

这个阶段，在低温铅釉陶器材料的基础上，出现了一种并盛行于建筑装饰的釉陶。人们也开始以"琉璃"一词专指釉陶，而且是有颜色的釉陶。到了唐朝，彩色琉璃已广泛用于宫殿、庙宇等建筑。

皇宫琉璃

北宋人李诚（1091）写了一部《营造法式》，记载了当时制作绿色琉璃的配方，是以黄丹三斤、洛河石末一斤（石末是一种石英石，即氧化硅）及铜末三两，用水调匀，作为釉料。这是目前保存的最早琉璃釉配方，表明北宋的琉璃制作与汉朝时期一脉相承。

从东汉末年到明清时期，建筑琉璃几乎成为皇家或我国宗教建筑的特色标志，从长安古城到开封皇宫，再到紫禁城，无不辉映着釉陶琉璃的光芒与皇家至尊的威严。

4. 色彩绚丽的大唐三彩

在现代人们的印象中，唐三彩主要是色彩绚丽的工艺品，但这是后期发展的结果，实际上它是指多彩的釉面陶器，这类制品始创于唐朝初期，到中期开元年间达到鼎盛，最初主要是模仿建筑物、家具、牲畜和人物等形状的随葬冥器。

唐三彩

唐朝之前的低温铅釉，以多种金属氧化物为焙烧色剂，其制陶技术奠定了"唐三彩"诞生的必要条件。"唐三彩"釉陶工艺品在我国制陶史上独具一格，是中国釉陶发展史上的一个高峰。

"唐三彩"以白色黏土为胎，焙烧温度比白色瓷土低，仅约800℃，所以不是瓷器。其表面釉彩有深黄、青绿、翠绿、深绿、褐、蓝、黑、白等多种颜色，以白、绿、黄为主基色，同一器物上有三种以上的颜色，所以习惯上称为"三彩"。

"唐三彩"使用的是低温铅釉，釉料的原料来源于白黏土、黄丹、炼铅熔渣，再加入含铜、铁、锰等元素的矿粉作釉料的着色剂。颜色对应的矿石为：绿色——孔雀石、蓝铜矿；黄色和褐色——赤铁矿；蓝色——含钴软锰矿；黑色——铁锰矿；白色——化妆白土。

不同矿物着色剂加入的比例不同，还可以显现出五彩缤纷、色调绚丽的丰富效果。其生产是采用二次烧成工艺，即第一次烧好素胎，再在素胎上施加铅釉，进行第二次焙烧。炉火熊熊的陶窑中，各种釉料与色料混合熔融中，向外扩散蔓延，又发生色釉间的互相交织浸润，形成了明丽绚烂的"三彩"釉层。

唐三彩的胡人商贾

唐三彩釉陶中，既有建筑物中亭台楼阁、花园水榭，又有家具中的床、橱、箱、柜，还有牲畜家禽中的马、驴、牛、羊、猪、狗、鸡、鸭等，更有人物中的文官、武士、贵妇、侍奴、胡人、商贾、天王、煞星等。它既是我国釉陶技术的民族杰作、艺术宝库中的珍贵遗存，又是体现唐朝历史文化、风土人情、社会风貌的重要研究资源。

中国独创的精美瓷器

瓷器最早创始于中国，是我们祖先贡献于世界文化的一项原创性的伟大发明，也被视为中华民族古代文明的象征之一。中国瓷器以其清幽淡雅、姹紫嫣红、美轮美奂的视觉效果和精湛的制作技艺成为世界艺术瑰宝中独具特色的作品类别，这是在世界文明史上具有独立知识产权的发明，开辟了世界材料技术史中一条独特的创新道路。它们既是我国古代灿烂文化的重要组成部分，也是人类文明史上的一个重要研究对象。

I. 商朝原瓷与瓷器标准

我们通常看到的瓷器，是以洁白、坚硬、光亮为主要特征的。在古代陶器生产的初期阶段，瓷器就是在早期白陶、印纹硬陶及釉陶的制作基础上发展起来的。

瓷器制作工艺中的原料筛选、淘洗练泥、塑造成型、入窑烧制等工艺过程与过去的各种制陶工艺基本相同。但是，陶是陶，瓷是瓷，瓷器与陶器有本质的不同。那么具备了什么条件才算是瓷器了呢？

要称其为瓷器，一般需要具备以下条件：（1）胎体原料应是白色的瓷土，而不是普通的泥土，其中的白色氧化铝含量高，低熔点的氧化物少，呈色物质氧化铁的含量要格外低，低于3%，泥胎应是白色的；（2）必须高温下烧成，一般烧成温度在1200℃左右，胎体基本烧结；（3）表面施有一层玻璃釉质；（4）胎体烧成后吸水率小于1%；（5）胎体坚硬、壁薄，敲击时会发出清脆的金属声，对着日光照看，有半透明感。

烧制瓷器

其中（4）（5）都与（2）是密切相关的。所以，五个条件中以（1）（2）（3）为基本条件。可见白陶、硬陶、釉陶的发明是瓷器之前必备的工艺，它们为瓷器的创制准备了充分且必要的物质和技术上的基础。但相对于这三项瓷前制陶工艺，瓷器在选料

商朝瓷器

和烧成等技术上也有了飞跃和突破，这是中国在世界制陶史上走过的一条独特的技术创新道路。英文 China 是中国，china 是瓷器，国外已经把中国和瓷器认定为密不可分的文化联系。

商朝时青釉器出现了，但这时青釉器的成分还有相当大的差别，有的接近于瓷土，胎色呈灰白、淡黄、灰绿或浅褐色，含铁量小于3%，烧成温度高达1200℃，胎体基本烧结，瓷的断面常闪现贝质的光泽，吸水性也相当低，高温石灰釉与胎体的结合相当牢固。这些表明青釉器已经体现出瓷器的基本特征，只是白色程度以及釉的均匀性、透明度等方面还有差异，这类青釉器被称为"原始瓷器"。

2. 东汉诞生的真正瓷器

到东汉时期，原始瓷器经过改进，才逐步发展成为真正的瓷器。这种早期瓷器的釉料仍然是简单的石灰石、方解石等为主的石灰釉，也没有专门添加着色剂，仍呈青色（还原性气氛中烧成），所以称青瓷。从东汉和帝时早期青瓷，到后来南北方墓葬中陆续出土的许多三国、两晋时期的青瓷器。其中，在南京赵土岗东吴墓出土的瓷虎子，还有南京清凉山东吴墓的青瓷羊，都是东汉到两晋时期青瓷的上乘作品。

相对于原始瓷器，东汉后的瓷器有了两大进步：（1）瓷土原料中高熔点成分氧化硅、氧化铝含量相对增加了，低熔点的氧化钙、氧化镁、氧化钾、氧化钠等减少了，青瓷烧制时需要1200℃以上的温度才能使原

东汉瓷器

料达到熔融玻璃化的烧结程度，产品也显得更为坚硬，不易变型；（2）青釉的颜色变得较为纯正，这就要求青瓷石灰釉中氧化铁含量要控制在3%以下，并严格把握窑温和通风程度，因为封窑后处于还原性烧成气氛，而通风情况下窑内则处于氧化性气氛，呈色物质氧化铁在氧化性和还原性的气氛中，会呈现截然不同的颜色变化，如通风时会变得呈黄色甚至呈暗褐色。说明这个时期对瓷土选料已有相当丰富的经验和把控。

东汉之后，瓷胎的原料以及加工就没有多大本质的变化了，人们的注意力主要放在釉质、釉色和彩绘工艺的提高上。

我国古瓷质地细腻、釉光莹润、色彩丰富，成为世界文化中独具特色的精品之作。因其历史悠久，从不同的角度反映了我国古代不同时期社会生产、政治经济、文化艺术等方面的成就，受到历史学、社会学和考古学的特别关注，而从陶瓷学、化学等角度欣赏其艺术价值的同时，更加关注瓷器胎质、釉料成分、着色剂原料加工、窑温气氛与釉彩关系等，即制瓷工艺的化学内涵，它从另一个角度反映了我国古代的化学成就。这对于挖掘我国优秀的文化成果，理解深厚的科学技术内涵，继承发扬民族工艺的优良传统具有重要的作用。

我国瓷器釉料自原始瓷器出现，长期使用高温石灰釉。根据对历代高温釉化学成分的分析结果，绝大多数氧化铝含量很高，一般在10%—15%，可以判断釉料主要是用石灰和白色黏土混合而成的。据说宋朝汝窑竟以玛瑙作为釉料，而玛瑙则是相当纯净的石英了。

这类石灰釉的烧成温度需要1000℃左右。及至辽代和南宋时期，辽宁省辽阳江官屯窑黑釉瓷和龙泉窑青瓷中又出现了石灰—碱釉，即往釉料中又添加了草木灰（富含碳酸钾），这种釉的特点是高温下其黏度较大，不易流釉，釉层较厚。

因此，中国传统的高温釉料中，中性氧化物氧化铝含量很高；酸性成分是氧化硅；碱质成分主要是氧化钙、氧化钾和氧化钠。至明朝，中国瓷品中又出现了一些低温釉。一种是继承了传统的铅釉，这是中国低温釉的主体；另一种则是以牙硝（实际上主要成分是硝酸钾）代替黄丹作为助熔剂的低温釉。但低温釉硬度较低，易磨损出现划痕，化学稳定性也较差，易受水、空气中二氧化碳及酸雾的侵蚀，出现光晕现象，所以应用不普遍。

在中国古瓷的高温颜色釉中，以青釉、红釉、黑釉和蓝釉占主要地位，而白釉是取得各种绚丽釉色的重要基础。白度很高，加入着色剂后才会色泽鲜艳纯正。大约在唐朝时，我国白釉的工艺水平已经很高，达到了成熟的阶段，当时邢州（今河北邢台）的邢窑、四川大邑的白瓷素净莹润，都闻名遐迩，选用的瓷土质地精良，釉中含铁量极低（小于1%），淘洗工序也很严格。这就为唐朝以后各种颜色釉和彩绘瓷品的发展创造了条件。

青釉的呈色剂是氧化铁，初时它是釉料中固有的杂质，烧成的色调当然很难控制。唐朝以后，瓷工已逐步能根据经验，以白釉为基础，通过添加赭石来调节釉中的含铁量。青釉的呈色作用则是釉中所溶解的氧化亚铁产生的，其色质的纯正、鲜艳与否，主要决定于釉中氧化亚铁／氧化铁的比值，这个比值越高，青绿色越加艳丽，比值低则泛黄。所以青釉的完全成熟在于创造出窑内烧成气氛的强还原性，使更多氧化铁还原成氧化亚铁。宋朝浙江龙泉窑的青釉瓷釉面晶亮，透明如镜，其代表作品粉青釉器和梅子青釉器，色泽葱翠如梅，达到了青瓷釉色之美的顶峰，堪称巧夺天工的人造青玉。

高温红釉初时大概是以孔雀石（碱式碳酸铜）或胆矾（五水硫酸铜）为呈色剂，当瓷品在窑内强还原性气氛中烧成时，因釉中产生出单质铜而呈现出红色。宋朝钧窑瓷是红铜釉器的先声。但钧瓷外观并非全红色，其背底的釉色却是浓淡不同，具有荧光一般的蓝色，所以从通体看，这类红釉瓷品的釉色美似碧空中的晚霞。这种奇特的乳光现象和幽雅的蓝色光泽是由于在透明的釉层中悬浮着无数球状的、含氧化硅的玻璃分散微粒。由于分散的粒度介于40—200纳米，比可见光波长要小得多，因此，会更强烈地反射短波长的蓝紫色光，从而呈现出美丽的蓝色乳光。

到了元朝时，江西景德镇的瓷器则初步烧成了红釉器，但只是盘、碗等小件器物。到明朝永乐、宣德年间（1403—1435），景德镇终于烧出了通体鲜红的铜红器，釉层深厚滋润，十分可爱，有"宝石红""霁红"等名称。烧制这种瓷品难度极大，不仅要严格控制烧成气氛，而且在铜分的配料上，一定要掌握极恰当的比例。当时掌握这种技术的工匠极少，所以在嘉靖以后，铜红釉技艺一度失传。直到清康熙末年，这种工艺才得到恢复，烧成的红釉器称为"郎窑红"，比明朝的红釉更加赏心悦目，具有鲜艳夺目的玻璃光泽，红色流淌欲滴，其垂流的痕迹犹如滴血，因此又有"鸡血红"之称。

高温黑釉的着色剂是氧化铁，釉中含铁量可高达5%—6%，北宋浙江武义黑釉中含铁甚至高达9.54%。在高温还原性气氛中氧化铁处于氧化亚铁状态，因此釉层呈黑色或酱色。这种釉中还往往含有微量的其他呈色金属氧化物，例如氧化锰、氧化钴、氧化亚铜、氧化铬等，这是从铁矿粉引入的，它们对釉色也会有一定的影响。纯黑釉当然不会使人有什么赏心悦目之感，但其中有一类"结晶釉"却引起了人们的极大兴趣。例如宋朝福建建阳窑烧成的所谓"油滴釉""兔毫釉"就是这类黑釉中颇负盛名的杰出代表，是宋瓷中的一朵奇葩。在油滴釉的面上，有许多形似油滴、具有金属光泽的银灰色圆珠，很像夜空中闪烁的繁星，所以日本人称这种釉为"天目釉"。兔毫釉的面上则有银灰色细丝，有的像羽毛，有的像树枝，又有的像丛丛兔毛，有的则呈放射状的针束，十分别致有趣。

高温蓝在元朝才出现，起呈色作用的是氧化钴，所用的着色剂是黑色土矿粉，我国叫它"明料""画碗青"。最初，我国各瓷窑采用的是国产明料，是一种含锰矿。到明朝永乐、宣德以后，又先后从国外引入了"苏麻离青""回回青"等青花料，它们则是一种含铁的矿。由于分别受到氧化锰和氧化铁—氧化镍的影响，两种蓝釉色调有所不同，前者色调幽雅，后者浓艳。要烧好这种蓝釉，控制好窑内气氛是很重要的，在釉开始熔融后必须造成还原性气氛，而在后期阶段须要中性。在河北省保定曾出土一个元朝宝石蓝釉金彩碗就是这类瓷品中的精品。

低温绿釉主要是继承了传统的、以铜为呈色剂的铅。自宋代以来，已有专门的商品铜花。清朝北京产的铜花是一种灰黑色粉末，主要成分是氧化亚铜和氧化铜，还有少量的金属铜、氧化硅和氧化亚铁、氧化铝，总含铜量约96%，其中氧化铜占79%。此外，明朝成化年间（1465—1487）有一种孔雀绿瓷品出现，叫作"法翠瓷"，也是以铜花为着色剂，但以硝酸钾为助熔剂。用这种釉料烧成的铜绿釉可达到翠绿的程度，与孔雀羽毛相似，碧翠雅丽，格外讨人喜欢。它显然是从"法华陶器"发展来的。最初，在晋南盛行一种具有特殊装饰效果与独特地方风格的日用釉陶器，是以解州一带的特产牙硝来制作低温釉。其中以铜花着色的称作"法翠"，以青花料着色的则叫"法蓝"，通称"法华器"。

低温黄釉的呈色剂主要是矾红，故称"铁黄"，釉中的氧化铁含量大约在4%，在强氧化气中烧成，烧成温度在800—900℃。但直到明朝弘治年间（1488—1505）烧成的低温黄釉，其色调才呈现真正的纯黄，达到了历史上低温黄釉的最高水平。其中一些是属于牙硝釉的。到清朝康熙以后，又出现了以氧化锑（tī）做呈色剂的锑黄釉，不过这个品种是从国外传入的。

紫色低温釉出现很晚，直到清朝光绪年间（1875—1908）出现在"素三彩"上。其主要呈色剂是氧化锰，而微量的铁和钴起着调色的作用。这种含锰的着色剂称作"叫珠"，也是一种含钴的软锰矿，产于江西赣州，是黑色硬块。

我国传统的低温红釉的呈色剂是"矾红"。制造矾红的原料是绿矾，即硫酸亚铁。把绿矾焙烧、漂洗后便得到极细腻的矾红粉，颜色朱红，十分艳丽，而且价格便宜。嘉靖时期的矾红釉分两层，下层是高温石灰釉，上层是用矾红着色的铅釉，约含10%氧化铁，而矾红颗粒是悬浮在上方釉层的表层，而不是溶解在釉料中。

3. 化学解读的彩瓷

中国瓷器装饰艺术在宋朝以前比较单调。自北宋河北邯郸的磁州窑发明用颜料在釉面上彩绘，开创了瓷器艺术加工的新境界。

磁州窑瓷器

彩绘实际上从唐朝就出现了。河北磁州瓷器采用一种釉下黑彩，是用铁矿粉来描绘的。磁州窑产量和作品确实很多，但由于产品以瓷枕、瓷瓶等中低档日用品为主，图案、绘画的条纹一般为黑色或褐色，不够丰富多彩和鲜艳亮丽，相当长时间内并未引起特别的关注。直到釉下青花和釉里红问世，才引起了轰动。

中国的瓷器彩绘大致可分为两类：釉下彩和釉上彩。釉下彩是将

釉里红彩瓷

研磨过的矿粉色料，在瓷坯上或经800℃左右低温焙烧过的素瓷上描绘图案，然后刷上石灰釉，用1100—1300℃的高温烧成的。彩料只是青花料或铜矿粉等，并不需混以辅料，这类彩绘是元朝的重大创新。其中最杰出的、最具影响的是青花瓷，其次是釉里红彩瓷。

青花瓷是以青花料为色料，描绘出各种图案和花鸟人物，刷上釉料浆后在还原性气氛中烧成。这种白底蓝花的彩瓷色彩浓艳、格调清新，因"青花幽静""殊鲜逸气"的优雅特质，成为古人乃至现代文人墨客

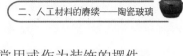

青花瓷

釉上彩是在釉下彩技术的基础上发展起来的。釉上彩是选择呈色的矿物细粉，与当时新发明的一种由牙硝—黄丹—石英石组成的复合低温釉料作为基质（近代称为"釉果"），按比例混合、研匀，以油类（如桐油、榄油、柿油）调合成色料，在已烧成的素白瓷釉上面绘画。随后，与釉下彩不同的是：不用1200℃左右的高温焙烧，而是在800℃的低温下烘烤，得以出现预设中的彩绘。

案台常用或作为装饰的摆件，兼具实用和欣赏两种价值。

釉里红瓷是将孔雀石粉或铜花色料绘于素胎上，同样刷涂透明石灰釉，在近似密封的强还原性气氛中烧成，在釉下便呈现出胶态铜特有的红色纹饰、绘面，它是宋朝景德镇在兼收并蓄历代各窑之长后，到元、明时期快速发展阶段的重大发明之一。

釉上彩瓷器

明清时期釉上彩的色料已经非常丰富，如我国传统的红色彩料——矾红；康熙年间引自西方金红料，其色似胭脂又称"胭脂红""洋红"，它主要是用于珐琅彩和粉彩；从西方引入的黄色彩料有铁黄和锑黄两种，也用于珐琅彩和粉彩；蓝色彩料的呈色剂青花料；紫色彩的呈色元素是钴、锰和金，可能是由金红料与蓝料配制而成的。

"斗彩"彩绘瓷器

　　黑色彩的主要呈色元素是铁、锰、钴和铜，其配料中没有用牙硝，而且烧灼后重量减少14%—26%，估计是加入了牛皮胶。这种彩料主要是用来勾勒画面中枝叶的轮廓和叶脉，以及描绘瓷品边缘的轮廓图案。

　　白彩实际上就是一种玻璃粉。而康熙珐琅彩中的白彩，它是一种属于氧化钾—氧化铅—氧化硅的含砷乳白色玻璃粉，景德镇称它为"玻璃白"。

　　明朝将釉下彩与釉上彩相结合产生了"斗彩"彩绘瓷器，色彩在釉层上下交相呼应、斗艳争辉。到康熙五彩、清三代粉彩和珐琅彩，花样不断翻新，品种百花争艳。因这类彩绘以后，过去的单色釉瓷品便逐渐衰退。所以釉上彩的诞生是中国瓷业发展史的重大进步，是又一个重要的里程碑。

　　"珐琅彩"是在康熙年间兴起的一种瓷器釉面之上彩绘工艺，显然是借鉴了明朝的景泰蓝工艺。这种工艺的彩色颜料叫珐琅粉，是用石英粉、高岭土为基体原料，以黄丹、硼砂为助熔剂，并加入适量呈色金属矿物，经研磨、混匀、加热烧熔后，倒入水中急冷，生成一种玻璃块状的着色物，再经研细后便成珐琅粉。

"珐琅彩"瓷器

"粉彩"瓷器

使用时，将珐琅粉用胶水调和，用毛笔在素白瓷上进行彩绘，而后再经800℃左右的低温烘烤即成珐琅彩。但清朝康熙年间的珐琅彩相比明朝的景泰蓝釉质，成分中增添了氧化砷，因此色料显得凝厚，色彩晶莹润泽，加之画面微微凸起，增加了立体感。

"粉彩"是康熙年末期在景德镇瓷品中出现的，在随后的雍正年间开始盛行起来。这种彩料是以含氧化砷的白粉与其他色料混合而成。用粉彩在素白瓷上彩绘，因有氧化砷而使烧成后的色彩出现乳油作用，使绘制的景物产生不透明的感觉，犹如敷上了一层薄粉，淡雅柔丽，所以"粉彩"又被称为"软彩"。

相对于这种效果，人们便把不含砷的传统色料和彩绘称为"硬彩"或"古彩"。

清朝雍正年间，珐琅彩与粉彩达到了完全成熟的阶段。这个阶段制备的彩釉瓷器格外瑰丽柔雅，色种齐全，色调纯正，专在"薄、轻、坚、细"且洁白如雪的高级瓷品上，用它们描绘花鸟、竹石、松梅、山水、人物等，增加了深浅、浓淡的色调对比，画面明丽精美，并配以意境优美的题诗，此类瓷器成为瓷艺与诗画完美结合的宝贵艺术珍品。

在清朝康熙、雍正、乾隆三朝，随着社会经济持续繁荣，中国的瓷器制造和瓷品工艺也在乾隆年间达到了历史高峰，成了中国古瓷的一个黄金时代。

跨越东西的汉唐玻璃

中国古代玻璃来源的两个途径：一是来自本土早期青铜冶炼的副产品；二是古埃及的玻璃经西域地区传入我国。

1. 埃及海边的釉陶灵感

埃及亚历山大港

在埃及曾发掘过世界上最古老的玻璃制品，据推测是公元前3400年古埃及奴隶制"前王朝时期"的制品，时间上相当于我国原始社会后期。相传是地中海东岸的腓尼基古国的水手航行到北非埃及的亚历山大港口，在海边的石英沙滩上用天然碱块支锅做饭，饭熟起锅时发现火堆下烧炼出熔融状透明玻璃体。

其实，埃及的玻璃最初产生于早期的陶器制作。当时，为求陶器的美观，陶工们会用方解石、白云石粉、天然碱等做成白色陶衣浆，刷在

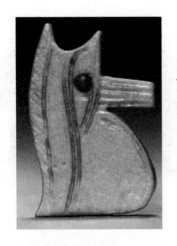

黏土、石英砂粉制作的陶坯表面，结果烧成后，原来预想中白色消失了，陶坯与陶衣浆的结合处出现了透明的玻璃釉层物质，玻璃釉厚重的部分在高温下还会滴落形成玻璃珠。这种玻璃的基本组成是"氧化钠—氧化钙—氧化硅"，因为氧化硅是所有玻璃中共有的成分，命名时一般被省略，故这种玻璃称为钙钠玻璃。这类玻璃技术从埃及经过地中海东岸、西亚两河流域、波斯和印度，大约在汉朝时期传入我国。

古埃及玻璃

在我国出土的这类钙钠玻璃，有的是从国外运输或作为贡品引进来的，有的则是我国仿效外国制造的，总之，其制造技术不是我国独立自创的。

2. 西周冶铸的青铜启示

中国古代原创玻璃自成体系。自 20 世纪中期以来，在河南、陕西、山东都曾从西周墓中发现了一些玻璃管珠，特别是湖南长沙、衡阳、常德、湘乡等地的古墓中发掘出了大量战国、两汉时期的玻璃，主要是一些具有中华民族特色的礼器、具有中国文学和道德观念的印章，其上多有中华民族装饰特点的纹饰及图案，表明是首创于我们的华夏祖先。

起始于西周的这些玻璃，其中的化学组成与埃及和其他古老文明地区的玻璃截然不同，都是属于"氧化铅—氧化钡—氧化硅"或者"氧化铅—氧化硅"体系，简称为铅钡玻璃、铅玻璃等；唐宋时期，又出现了"氧化铅—氧化钾—氧化硅"体系的玻璃，简称为铅钾玻璃。以上几类由于都是以氧化铅为助熔剂的主要成分，大类上统称铅玻璃，这种玻璃体系始终是中国古代流传的独特民族"品牌"。

西周玻璃

按照中国本土的古代技术推测，这种铅玻璃的发明不像埃及来自制陶工艺的启示，而是源于中国独特的青铜冶炼。青铜是铜与金属锡铅的合金，即分别炼得铜、铅后，再两者熔融合炼。炼铅用的是方铅矿（硫酸铅），而这类方铅矿还经常与重晶石（硫酸钡）共生。西周及春秋战国时期，当用陶质坩埚焙烧方铅矿时，会分解生成氧化铅等氧化物，这些能降低熔点的助熔剂又会与陶器内壁的氧化硅等泥土成分接触，在800—900℃时产生润泽、晶亮的玻璃铅釉层，数量多了就变成滴落下来的玻璃珠，从而使工匠们得到制作玻璃的最初启示。这就是中国人最初独创的玻璃。

3. 兼收创新的汉唐玻璃

到东汉时期，制造玻璃的助熔剂氧化铅不再来自铅矿焙烧的产物，而是用金属铅制成铅粉（碱式碳酸铅），然后再焙烧成氧化铅，古人称为铅丹、黄丹。早期的玻璃由于杂质较多，半透明状，外观不似现代的玻璃而更似玉石。而东汉

汉朝玻璃

这种方法的助熔剂中，氧化铅中没有了其他氧化物杂质掺入，就成为纯粹的铅玻璃体系了，所以制得的玻璃比过去更加透明，视觉效果更好。

唐朝时期，受当时炼丹术的影响，在传统玻璃制作中加入了产自西藏地域的硼砂，生产出了质量非常好的玻璃。但遗憾的是硼砂远从西藏运销中原，路途艰险，交通不便，只有少数炼丹家和医药家才偶尔使用，后来生产配方也失传了，这种独立自创的技术没有形成我们当时的民族产业。但是，这种技术后来传入西域阿拉伯国家和欧洲后，却大批量地生产出优质的玻璃。

需要引起我们关注的事实是：我国古代玻璃技术的发展是缓慢的，相对于陶瓷制品，玻璃制品的应用不够普及，从战国到唐宋时期，一般只制作一些装饰品如玻璃珠、玻璃流苏、玻璃耳珰，或代替玉石制作诸如玻璃葡萄、玻璃葫芦等手工艺品，而忽

唐朝玻璃料器

视其实用价值。明清以后，生产玻璃制品的作坊、工场逐渐增多，但也只能烧制灯罩、杯瓶之类的小件东西，俗语统称"料器"。像平板窗玻璃等具有巨大经济价值的大件玻璃产品未能实现自主生产。

我国古代玻璃技艺落后于西方，究其原因，可概括为：（1）我国很早就有了精湛的制瓷技艺；（2）瓷器的造型加工比较容易，便于大量生产；（3）瓷器强度较大，不易破碎，又不致因骤热而爆裂；（4）瓷器原料简单且价廉易得，艺术性也远高于玻璃制品。因此，优质的瓷器制作传统减少了人们对玻璃的需求和兴趣，也成为影响我国古代玻璃发展的重要原因。

三、一言九鼎的底蕴——青铜冶炼

鼎盛时期的商周青铜

　　我国古代炼铜技术高超，冶炼铜的原料主要是翠绿色的孔雀石（碱式碳酸铜），当然还有深蓝色的蓝铜矿（五水硫酸铜）、辉铜矿（硫化亚铜）。1929 年在河南安阳殷墟遗址挖掘到一块重达 18.8 千克的大块孔雀石，地点就在炼铜遗址的区域中。

1. 古朴凝重的殷商大鼎

　　商朝殷墟出土的早期炼铜器皿是陶质坩埚，容量约为 3 升，形状像头盔样，又称之为"将军盔"，可放 5—10 千克的矿石。冶炼时，把矿石和木炭混合放入其中，在堆积的炭火上或类似陶窑的炉中加热，这也是前期制陶为冶铜奠定的材料、炼炉、高温等基础条件。冶炼时，孔雀石矿中的

陶制坩埚

碱式碳酸铜首先受热分解为氧化铜，然后木炭还原氧化铜成为铜。为了助燃提高温度，坩埚上还装上陶管，用嘴鼓气吹风，可助燃烧升温，后来有条件的大型冶炼厂逐渐改为皮囊鼓风。

　　在殷墟还发现有大块的炼铜渣，有的竟达 21.8 千克。这个阶段出现的这样大块炼渣，说明已经不是"将军盔"所能容纳的了，大概有了较大的炼炉。

原始社会后，经过夏朝近500年的时间，到了商朝早期，青铜器的制作和使用就比较普遍了。在河南偃师二里头，1974年出土的早期青铜器中，不仅有小刀、锛、凿、镞、爵、鱼钩等工具，而且有方鼎类较大型的礼器，这表明我国在相当于中原夏朝末期已由过去的小量尝试过渡到规模青铜冶炼阶段。

皮囊鼓风

通过木炭高温还原出单质铜，对温度的要求不高，但要得到熔融的铜，需达到1053℃，这样对高温技术就有较高的要求。在偶然的尝试中古人们发现，如果在铜中加入了锡铅矿石（二者常共生），熔融点明显降低，同时得到另一种铜产品——青铜。

冶炼青铜的工艺就是从红铜与锡铅矿石合炼开始的，但铜与锡铅的比例直接影响到青铜的产品性能，为了精确掌握铜与锡铅比例，进一步发展则是将铜与金属锡、铅先分别冶炼出来，然后再一起熔融合炼，这是一个从低级逐步到高级的发展过程。锡铅的熔点比铜低很多，炭火还原锡铅矿的难度也比炼铜要容易。

目前，最早的金属铅器是在内蒙古赤峰敖汉旗出土的，是铅贝（最早的金属货币）和铅包套，距今3500—4000年。但较多的铅器随葬品，如铅酒杯、铅罐、铅戈等是在商朝中后期的殷墟中才出现过。殷墟中还出土过锡块。考古界推测我国约在商朝前期开始逐步以铅、锡来合炼青铜。

我国典型的奴隶社会时期是在殷商到周初，青铜冶炼的极盛时代也是这个阶段。由于祭祀与礼教制度的逐渐兴起，这个时期铸造了很多大型青铜器，威武庄严、古朴凝重，铜器表面多有饕（tāo）餮（tiè）、夔龙、夔

青铜器

凤等纹饰，绵延了原始图腾文化。

其中特别具有代表性的是1939年在河南安阳武官村出土的"后母戊"大鼎，它是这一时期青铜器的代表作，是商王文丁为祭祀其母"戊"而铸造的大型礼器。鼎是由早期的陶制烹煮器演化而来的。这个巨鼎则是镇国重宝的礼器，有875千克，通耳高133厘米，横长110厘米，宽78厘米。经过对组成分析，其青铜材料中含铜84.8%、含锡11.6%、含铅2.8%。"后母戊鼎"是我国目前最大的出土青铜器。

后母戊鼎

如果用"将军盔"这样的陶制坩埚熔化青铜水浇铸这尊大鼎，就得同时用几十甚至近百个这种坩埚同时进行。见微知著，从"后母戊鼎"我们可以想象，当时冶炼场区的熔炉数量，劳工的投入数量，遍地炉火的热闹场面，为浇铸那一刻数百人步调一致的壮观情景，以及主持者高超的管理能力。这都反映出当时青铜冶炼技术的鼎盛状况。

当时青铜器的铸造工艺也已经非常精湛，造型优美，湖南宁乡出土过一个四羊尊，属于商朝晚期作品，尊的腹部四角各铸接一个羊头，头上有卷曲的羊角，结构复杂，造型极为优美，充分体现了商朝工匠的高超技艺。商朝不仅发明了失蜡铸造法，还有分铸法、嵌套合铸等多种方法。

四羊尊

2. 西周之后的炼铜工场

已知最早的炼铜竖炉是出自湖北大冶铜绿山矿冶遗址，是春秋晚期的遗物，但这里的炼铜始于西周末年。那种竖炉高 1.2—1.5 米，由炉基、炉腔和炉身三个部分组成。炉基是用黏土、石块混合夯筑的，内有风沟。竖炉不同部位根据温度和装饰需要，分别用黏土、石英砂、火白瓷土、铁矿粉、成岩屑、木炭粉分层夯筑；炉身也用混合型耐火材料按内、外壁夯筑。炉的前面上端是炼铜熔融渣体的孔洞；下部是导出铜液的"金门"，冶炼结束时打开。其炉的两侧各有一条通风沟，略向下倾斜的，可向炉内鼓风。

这种结构在当时相当先进，说明利用炼炉炼铜已经有了相当长时间了。那时的鼓风已经有了明显的进步，发明了用牛皮制作的鼓风器，名叫"皮橐（tuó）"。

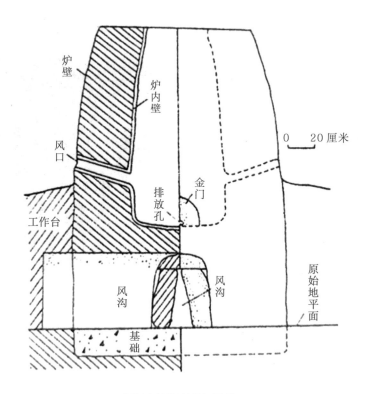

铜绿山炼铜竖炉复原图

对铜绿山冶铜区研究表明，炼铜所用原料仍是孔雀石；遗留的炼铜渣显示，由于炉温相当高，流动性非常好，铜与渣的分离很好，提取率很高，铜渣中含铜量仅为 0.7%。但也有赤铜矿（主要成分为氧化亚铜），从矿渣分析看，是加入了铁矿石做助熔剂实现降低熔点，这一发现成为探讨我国炼铁起源的一个很有启发性的材料。

3. 《考工记》中的"六齐规则"

商周时期是我国青铜器从制作的鼎盛时期到使用的普及化阶段，到春秋战国的争霸和兼并阶段，青铜器中除了烹饪、饮食、祭祀等器具外，更多的是用来制造兵器如战车、戈戟、刀剑、钺叉和生产工具如犁、铲、锄等，此外也用于制作像生活中钟、斧、铜镜，以及乐器如铃、铙、编钟。在青铜的大规模生产和广泛利用中，使人们逐渐认识到青铜中的铜与锡铅比例与其材质性能之间存在着密不可分的联系。

到了东周时期，有一位既懂理论、工艺又擅长著述的齐国人，他撰写了一部制造业百科大作《考工记》，其中有一段是关于青铜器制造过程铜与锡铅（当时未将锡铅严格区分）配比的内容：

"金有六齐。六分其金而锡居一，谓之钟鼎之齐；五分其金而锡居一，谓之斧斤之齐；四分其金而锡居一，谓之戈戟之齐；三分其金而锡居一，谓之大刃之齐；五分其金而锡居二，谓之削杀矢之齐；金锡半，谓之鉴燧之齐。"

由于制造某类工具或武器的原料配比是一个范围，而不是一个具体数据，所以对这段文字中"金"字的含义，目前研究者对此是有争议的，有人认为是指青铜，有人认为指金属铜。这种"六齐（jì）规则"，实际就是生产青铜器的

《考工记》

六种合金配方（齐即剂，指剂量，是古文中的通假字）。若按第一种解释，这段话可解释为：用于制作钟、鼎的青铜，其中锡占 1/6；做斧头的青铜，其中锡应占 1/5。其他可以此类推。

其中的"戈"是横击、钩援的兵器，"戟"则是既能横击又能直刺的兵器，"大刃"是刀剑之类，"削杀矢"是弓箭上的箭头。

《考工记》中还提到"金柔锡柔，合二柔则为刚"，即纯粹的铜和锡铅都是硬度不大，容易变形的，但是二者的合金物则硬度很大。从前面的铜锡配比可以看出一个规律，即随着锡铅合金加入量的逐渐增大，青铜产品从钟鼎到斧斤、戈戟、大刃、削杀矢、鉴燧，依次呈硬度增大的趋势。

"鉴"指青铜制作的镜子，"燧"是用于聚光取火的凹面反射镜，由于作为镜具只需要它的白而反光效果，所以不要求结实和韧性，可以"金锡半"，即青铜中锡占一半。

目前看来，"六齐（jì）规则"中的这个铜锡配方与东周时期青铜器实物的化学成分分析结果还是有差距的。但当时的人能够用具体数据表达不同配比的青铜具有各自不同的性能，适用制作不同要求的武器和生产生活器物，并形成系统的经验总结，以探讨其差异的变化规律，也是很难能可贵了。

华贵鎏金与防锈装饰

铜与锡铅等金属的内在融合，既能改变其外观颜色又能改变材料性能。而外表用另一种金属装饰，又会收获非常美观的视觉效果。当然，这不是像制作青铜合金那样通过高温热熔融得到的，而是通过常温制备合金的方式得到的。

那么，是什么东西能让合金不用高温，而是在常温下就能形成呢？这种合金是固态还是熔融态？如果是熔融态还能稳定地停留在其他金属表面吗？

1. 鎏金技术与长信宫灯

东周战国以后，在青铜器制作中又出现了多种金属表面的镀层工艺，这类镀层是另一种金属，既美观又起到防锈蚀的作用。其中最有价值当属鎏金制品。山西省长治市分水岭出土的战国古墓中有许多镀金的车马用的装饰器具；河南省信阳市长台关楚墓的出土镀金带钩等出土文物，都属这类制品。这种工艺发展到西汉时已日臻

长信宫灯

完美。

河北省满城汉墓的中山靖王刘胜和其妻窦绾墓中的长信宫灯；茂陵无名冢出土的西汉鎏金竹节熏炉；陕西兴平县西汉墓出土的鎏金铜马等，其鎏金镀层至今光彩耀目。

所谓鎏金术，就是把黄金碎屑溶于水银中，制成泥膏状金汞齐，即非固态的金属合金。将这种膏状物涂于青铜（或银）器表面，加热慢慢烘烤，使水银从膏状金汞齐中脱离并挥发掉，金逐渐得到渗入铜胎表面的镀金层。

2. 防锈技术与靖王佩剑

对于青铜器的表面修饰技术，除鎏金术外，战国初期还发明了将青铜器经化学处理氧化成墨黑色的技术，既能起到防锈的效果，又能作为黑色花样的表面修饰。战国时期楚国制作的铜镜，表面常有一层光亮如漆的镀层，现在称为"黑漆古"。

汉武帝的叔叔淮南王刘安著有《淮南子》一书，据其中记载，制作"黑漆古"是以"玄锡"涂抹，"玄锡"就是锡与汞的合金锡汞齐；然后使汞蒸发掉，锡便附着其青铜器表面，慢慢形成黑色物质后，以白毛毡打光（古代称为"开光"）。经检测，"黑漆古"就是铜镜表面的镀锡层，在长时间氧化生成氧化锡所致。

比"黑漆古"的记载稍早，陕西秦始皇陵陶俑坑出土的青铜箭头，距今有 2200 年左右的时间，但有不少表面仍光洁如新，极为锋利。这些青铜箭头的表面呈乌黑或灰黑色，是一层致密的含氧化铬、氧化铁的

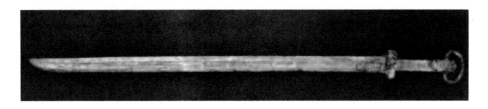

刘胜佩剑

薄膜，据模拟实验推测，当时可能是用铁矿（氧化铁）、天然碱（碳酸钠与碳酸氢钠）、硝石（硝酸钾），按比例配制的混合物对箭镞做了高温处理，得到了这种黑灰色镀层。

而比"黑漆古"的记载稍晚，河北满城汉墓出土的汉武帝兄长、中山靖王刘胜的佩剑，虽在潮湿的地下贮存两千多年，仍然颜色金黄、通体光亮、锋利如新。从考古技术推测，应该是用硫黄或硫化物处理过。在当时的贵族群体中，佩剑更多成为体现身份和社会等级的装饰物，为美化、保护这些金属器具，工匠们呕心沥血，在金属修饰与保护方面也卓有成效。

兴起于春秋时期的冶铁业，到战国以后，发展逐渐加快。到了秦汉之际，工具和武器中已经有很多由铁器慢慢取代了青铜器，但青铜器的华贵对传统礼教的功能仍然存在，更多用于王公贵族欣赏享用的小型礼器和工艺品，朝着精巧、美观、华丽、艺术化的方向发展，出现了很多像鎏金、错金或镶嵌宝石这样的装饰器物。

从货币发展史看，东周以后，我国开始流行金属货币，由于货币生产量很大，又要求规范统一，所以必须使用铸造技术。但若用春秋时开始的生铁浇铸，生铁质脆易碎、容易锈蚀、价格低廉，不适合做货币。因此，我国自春秋战国时期一直到明朝中期，货币是以青铜铸造为主体的，当然青铜的使用量也非常可观。

水法炼铜与魔幻白铜

1. 中国首创的水法炼铜

在世界的冶铜历史发展过程中，火炼法在人类用火后，世界不同地区都或早或晚地出现、应用过，并不同程度地发展起来。但是，在我国古代还兴起过一种独特的冶铜技术，这项技术是我国首创，是一项重要发明，并成为现代水法冶金的先声，这就是"胆水冶铜法"。

溶铁变铜的神奇。这种冶铜技术出现不是与铜器或者青铜器并行的，而在金属铁冶炼出现后，利用金属铁从含有铜化合物的溶液中将铜置换出来，然后把铜刮取下来，再经重新熔炼后，就可以得到铜锭。所谓"胆水"是指天然的含硫酸铜的水溶液，制备硫酸铜溶液的原料多为胆矾也叫石胆（即五水硫酸铜晶体）。

它的形成是因为天然的硫化铜矿石经风化氧化，一部分便会生成可溶性硫酸铜，经过地下水、雨水的浸泡、淋洗，便会溶解而汇入泉水中。这种胆水中只要铜的浓度足够大，就可以作为水法冶铜的原料。

在我国汉朝时，铜与铁两种金属在使用中并行，我国先民注意到金属铁在"胆水"（硫酸铜溶液）中可部分溶解，并置换出铜的现象。例如西汉淮南王刘安的《淮南万毕术》中，就有"曾青得铁，则铁化为铜"的记载，曾青即碱式碳酸铜类的矿物。东汉成书的我国第一部药学典籍《神农本草经》中也有"石胆能化铁为铜"的描述。

溶铁变铜

葛洪是我国东晋时期著名的医学家、炼丹家，其号为抱朴子，在其著作《抱朴子·内篇》中，有如下内容："以曾青涂铁，铁赤色如铜……而皆外变而内不化也。"更形象完整地表述了铁在铜溶液中置换铜的过程，其中更是准确地描述了这种方法置换的程度，即只进行表面置换，而内里不变。

兴盛的水法炼铜产业。利用这个化学变化，唐朝有些炼金术方士就在盛放石胆水大铁锅中加入水银，水银沉入锅底，然后加热搅拌熬炼，铁锅壁越溶越薄，被置换出的铜也不沉积于铁锅表面，而是与底部的水银形成红色的铜汞齐。熬炼结束后，把那些很像砂粒的红色铜汞齐取出，加热，蒸出水银，便得到了红铜粉。美其名曰"红银"，工匠们不知道铁流向哪里去了，只认为是将铁变成铜了。这是唐朝中国制铜的一项"绝技"，技术巧妙地暗含了一种电化学原理。到唐宋之间的五代十国，"胆水冶铜"正式成为一种规模化生产铜的方法。

胆水冶铜

到北宋年间，这种工艺的规模逐步扩大，以胆水冶铜已发展到很多地区，以河南信州铅山和江西饶州德兴、广东韶州岑水三处规模较大。在 1103 年，全国胆水炼铜的总产量达到了 187 万多斤，约占当时铜产量的 12%。南宋以后，江南 14 州的胆水炼铜产量虽然开始锐减，但兵荒马乱，许多火法炼铜停滞，胆水炼铜工艺过程相对简单，虽不如之前，仍有 21 万斤的产量，占到当时南宋铜总产量的 80%。所以宋朝的人对胆水炼铜的生产非常重视。

到了元朝，由于胆泉水资源有限，逐渐枯竭，加之消耗大量铁，胆铜中铁杂质也较多，质量不如火炼铜，所以便渐渐衰退了。

2. 方士点化的砷铜合金

看到砷这种名字，一般人虽不是特别熟悉，也难有一种美好和亲切感，因为它或多或少与一种杀生的作用联系着，如毒药、杀虫剂等。那么它除了可怕就一无是处吗？为什么在铜的冶炼中能提到它？它和铜之间有哪些缘分？又会产生哪些新奇的东西？

在古代中国，曾经发明和研制出两种铜合金，颜色银白且灿烂夺目。一种是砷铜合金，是用砒霜点化红铜而成的；另一种是镍铜合金，是用铜矿石与含镍矿石合炼制得。

雄黄点化的黄金。 砷的化合物是中国古代炼丹制药的重要原料。砷白铜的出现很早，它是中国炼丹术活动的探索成果。在晋朝，中国炼丹实践开始成熟，理论也开始系统化，这时已经有方士用雄黄（四硫化四砷）点化红铜，由于砷在铜中的结合量较少，含砷在 5% 左右，所以产物为黄色的砷黄铜，当时叫"雄黄金"，是一种铜砷合金。

隋朝炼丹方士苏元明很有经验，他把雄黄和草木灰一起加热，使雄黄与其中丰富的碳酸钾生成所谓的"伏火雄黄"，也就是砷酸钾，再用砷酸钾作为"点化药"与红铜、木炭一起合炼，也能得到"雄黄金"。

砒霜点化的白银。 到唐朝，著名丹阳炼丹方士金陵子进一步发展了这种砷铜合金的技艺，但他使用的砷化物不是雄黄，而是砒霜，即三氧化二砷。他先把剧毒的砒霜与面粉用水搅拌和揉和成团，粘在一根木棍上，阴干；然后把红铜熔化，把那个带面的木棍插到液态铜的底部，并不断搅拌，面团遇高热炭化，而碳将砒霜（三氧化二砷）还原成单质砷，砷遇铜比较活泼，立即与铜结合成砷铜合金。反复多次，当铜中的含砷量超过10％时，就生成银白色的铜砷合金，金陵子称之为"丹阳银"，认为这就是把铜变成银了，即"点铜成银"。

丹阳银

当时，以极巧妙的方法完成了"丹阳银"这项带有毒性的化学实验，先人也或多或少地付出了代价。这种白铜雪白如银、质地坚硬、非常漂亮。但它有毒性，日久天长，其中的元素砷会慢慢挥发出来，造成毒性外溢，白铜本身也逐渐由白变黄，色泽不能持久，所以只作为炼丹术中变炼金属的一个样例，并没有发展成为一种实用的合金产品。但在古代能通过炼丹探索，炼制出这种难度很大的合金，也是一项很了不起的化学成就。

东晋时，还出现了金属镍与铜的合金，即白铜。并从云南和四川一带贩运到中原。到唐朝，一品官员乘坐的牛车才允许用这种白铜的装饰品。到清朝，云南白铜的生产达到了鼎盛时期，白铜制作的面盆、烛台、香炉、墨盒、水烟袋远销海内外，极受欢迎。

云南地区炼制白铜的原料是镍铁矿（镍铁的硫化物）和黄铜矿（铜锌矿）。冶炼过程是先将两种矿石混合起来，炼成所谓的"冰铜镍"（主要成分为硫化镍、硫化铜、硫化锌等），再高温反复焙烧，除去其中的硫质。再用木炭把它还原成粗制的镍铜合金。最后，粗制合金与加入的精铜在1300—1400℃下合炼，便得到白铜了。

由于有锌的加入，所以白铜不是单纯的铜镍合金，而是铜-镍-锌三元合金，其质地"色亮而有韧性"，可见从感官到性能都很优质。

18世纪时，中国云南白铜经东印度公司贩运到欧洲，非常昂贵，价钱仅次于金银，但却备受青睐，仅作为贵族私邸的装饰材料。到19世纪，英国才仿制成这种合金。接着，德国也仿制并获得成功，取名叫"德国银"，从此镍白铜开始在欧洲大量生产和推广。

灿灿黄铜的化学奥妙

青铜器时代在人类发展史上曾经是一个特有的材料时代，但目前只是作为一个经典留在人类文化的记忆中，而相比青铜，与我们现在生活接触更多的是金光灿灿的黄铜。青铜是铜与锡铅的合金，那么黄铜与铜又有什么关系？它是铜与其他金属的合金吗？这种金属是什么呢？

1. 锌铜融合的华贵黄铜

我国古代文献中曾记载这样的内容：每年农历七月初七晚夕，湖南、湖北一带的妇女用彩色丝线扎结，用金、银、输石制的针来做穿针的游戏，向织女"乞巧"。那么，这个"输（tōu）石"为何物呢？实际上输石就是我们要说的黄铜。

关于炼黄铜的记载更多见于隋朝以后古代炼金炼丹的方士著作。隋朝方士苏元明的书中，曾提到可以用人工药剂制得"黄金"，实际就是输石金，即锌黄铜。说明我国在隋朝以前有了这种合金。

黄铜和青铜都是铜与其他金属的合金，黄铜是铜与金属锌的合金。在我国古代的合金中，其重要性是仅次于青铜的一种。起初，人们在冶炼铜的过程中，为降低熔点，也曾加入过一种被称为"炉甘石"的矿物，得到了一种铜合金，金光灿灿，气质华贵。从现代化学角度分析，"炉甘石"是一种碳酸锌和氢氧化锌的复合物，简称为碱式碳酸锌，生产中一般称之为菱锌矿。

作为铜与锌的合金，用铜与单质锌合炼而得到黄铜，是在用锌矿合炼后很久以后才摸索出的方法。在明朝后期，才真正规模化地用金属锌和金属铜来熔炼黄铜。起初，我国把黄铜称为"输石"或"输铜"，直到明朝规模化生产后才以"黄铜"专指铜锌合金。

锌黄铜

唐朝时期，官方还规定用黄铜制作八、九品官的饰带。其价格介于铜银之间，比当时制作钱币的主材青铜的价格要高，所以民间应用并不普遍。

2. 盛大规模的黄铜产业

到了宋朝，黄铜的生产和使用就比较普遍了。有人也用炉甘石等锌的化合物点化红铜得到表面出现的黄铜，做点铜成金的把戏。

明朝，黄铜生产量猛增，嘉靖年间（1522—1566）将铸币由过去的青铜改黄铜，成为金属铸币史上的一次重要转折。一直到清末宣统年间（1909—1911），都沿用明朝以来的黄铜铸钱。

按记载，从南北朝时期黄铜制品就出现了，但一直到五代十国末期和宋朝初期才有黄铜冶炼的文字记载，跨越了400多年的时间。最早的是方士大明一本炼金术著作《日华子点庚法》中描述：用红铜一斤，炉甘石一斤，混匀研细，再掺入木炭，放入铁罐中密封，在炉中焙烧两昼夜，再用大火煅烧三个时辰（相当于六个小时），自然冷却后启封，用水清洗罐内物料，便得到金黄色的铜锌合金，也是民间传说的变铜成金。

宋朝以后，有关炼制黄铜的古代典籍很多，例如北宋方士崔昉的《大丹药诀本草》、元人借用苏轼之名写的《格物粗谈》、明朝李时珍的《本草纲目》和宋应星的《天工开物》以及清朝方以智的《物理小识》等。

古代冶炼黄铜

上述著作中，冶炼的工艺方法没有多大变化。可以看出，这项技艺主要是以追求物质转变的炼金炼丹实践，以及像宋应星这样的技术专家分别撰写并保留了下来。

从世界范围看，黄铜很早就出现在西域很多国家。在我国东汉时期，锌黄铜就出现在古罗马，那里就发行过黄铜币；唐朝玄奘和尚回国后撰写的《大唐西域记》中，提到印度等国的庙宇中有几尺甚至百尺高的黄铜佛像；我国唐朝的炼丹术著作中也很推崇波斯黄铜。可见在唐朝以前，中国黄铜并未普及的情况下，古罗马、印度、波斯等国的黄铜生产水平已经很高，生产规模也很可观。

3. 黄铜生产的化学奥妙

对于以锌矿石点化红铜变为黄铜的技艺，虽然西域很多地区早就掌握，但炼制到金属锌，再用金属锌的单质与铜合炼黄铜则相当晚，因为锌的冶炼难度很大。原因有以下几方面：（1）锌矿煅烧生成氧化锌，以炭还原氧化锌的温度是 904℃，但锌的沸点为 907℃，两个温度极接近，金属锌即使还原出来了，接着就会蒸发掉，很难收集到；（2）炙热的金属锌蒸气一旦遇到热空气或二氧化碳又会被再次变成氧化锌；（3）如果将锌蒸气急速冷却，温度过低，又会凝结成锌粉，而不成锌锭。

所以，炼制单质锌必须在密闭的反应罐中进行，罐的上部控制在 500℃ 左右，锌的熔点是 419℃，这样使锌蒸气在罐的上部以熔融锌的状态冷凝下来，但又不流入下部高温加热区。古人是在长期的摸索后掌握这样精确的冶炼技术，逐步取得成功，实属不易。因此，古代炼锌术的发明是冶金学和化学上的辉煌成就！

至明朝中叶，我国已掌握了这项高难度的冶金工艺。当时有人把这种金属锌称为"倭铅"，可能是因为当时中国东南沿海一带倭寇猖獗，品性凶残，而金属锌"似铅而性猛"。锌蒸气若无与铜反应吸收，遇火就变成烟飞散掉了（明·宋应星《天工开物》中的内容），所以就给它取了这个怪名。

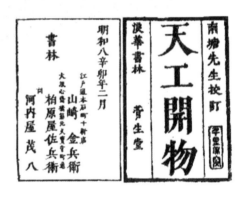

宋应星《天工开物》

升炼金属锌

关于炼锌工艺的现存文字记载，最早见于明末宋应星于 1637 年所著《天工开物》，书中还附有插图。在封闭的泥罐中发生了如下反应：碳酸锌加碳，在 1100—1300℃ 条件下，生成单质锌和一氧化碳、二氧化碳的混合物。

锌蒸气在罐顶冷凝成熔融态后，又是如何被收集起来的？文中未做说明。所幸，至今云南贵州一带山区仍然保存着明朝流传下来的传统炼锌工艺。有专家做了实地考察，探明原来在炼锌泥罐的上部，有一个罐兜，这个区域的温度控制在 500—700℃，高于锌的熔点 419℃，又低于锌的沸点 907℃，锌在这个温度呈熔融态。罐兜的温度相对于下部的加热反应区 1100—1300℃，是一个冷却带，锌蒸气通过"兜鼻子"上盖，冷凝成熔融态，坠流到"兜鼻子"中，十分简便、巧妙，体现了我国古代工匠高超的智慧和精准的技术水平。

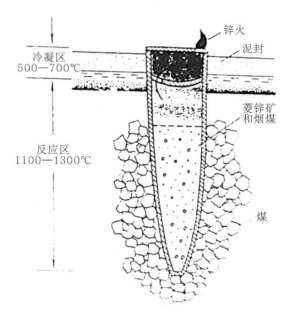

锌火

泥封

冷凝区
500—700℃

反应区
1100—1300℃

菱锌矿
和烟煤

煤

炼锌罐剖面

四、先民酝酿的创作——酵香工艺

我国古代利用微生物发酵作用的酿造食品工艺，品种很多，最重要的是造酒。醋和酱、酱油也是自古中国人生活中必不可少的调味品，都被列为"开门七件事"之一。乳酪、腐乳也都是我国人民普遍喜爱的传统食品。这些成果集中反映了中国古代在生物化学上的成就，它们为现代微生物学的产生和发展打下了基础。尤其是我们祖先对"麴"的发明，对近代发酵科学的兴起更是做出了杰出的贡献。

五谷酿造与曲蘖制作

中国古代的酿酒开始于原始农业后期，粮食产量丰富到一定程度，以及新石器后期陶器的普遍使用。谷物在陶器中以熟食烹制，煮熟的谷物，没有吃尽，长时间放置，自然就会发霉、发酵，使其中的一部分变成酒，并闻到了乙醇的芳香。正如古人所说："酒之所兴，肇自上皇……有饭不尽，委余空桑，郁积成味，久蓄气芳。"这种说法描述了粮食酿酒的起源。后来逐步发展到以曲为引子酿酒的阶段。

1. 粮食酒浆与觥筹交错

到殷商时，只有两种酒，一种叫作"醴"（lǐ），是用蘖酿的酒，乙醇含量不高，富含麦芽糖，所以味道较甜，酿造的主要原料是小麦和小米，这种酒是酿来吃的；另一种名叫"鬯"（chàng），是用黑黍为原料，加了香料，利用曲酿造的香酒，主要是用在祭祀上。

当时饮酒的方法有两种：一种叫"醪糟"，即酒浆与酒糟混合同吃，就像今天在街市和超市都能见到的"酒酿"，属于甜酒类；另一种叫"湑"（xǔ），是酒的清液，即将酒糟滤掉，只饮酒液，类似于今天的黄酒。

从我国周朝开始，在殷商酿酒的基础上，已经有了丰富的酿酒经验，也探索出了一套很完整的酿酒技术规程。周朝的宫廷中设有专门掌管造酒的官员，负责造酒作坊的日常管理；也有被叫作"浆人"的酿酒劳工。在冬季酿酒时，必须负责好七个主要环节：配齐造酒原料，提前制出曲蘗，清洗原料用具，选好纯净泉水，制酒陶器精良，加热火候适宜，精选各种香草。可见章法严谨，已不是早期被动随性的阶段了。

觥筹交错

殷商时期，有许多陶制的、青铜制的饮酒器和贮酒器，如爵、斝（jiǎ）、尊、盉（hé）、卣（yǒu）、觥（gōng）、觚（gū）等，且制作十分精致，说明殷商时期社会上层饮酒的风气已经极盛。我们成语中"觥筹交错"的"觥"字，正是那时的最简陋的用兽角做的酒器。商纣王时期，以他为首的帝王家族、贵族、奴隶主的酗酒已到荒淫无度的程度，他们胡作非为，导致世风日下，逐渐灭亡，成为后来历代引以为戒的亡国案例之一。

2. 酒曲制作与酿酒原料

酒曲的发明在中国酿酒史上，是具有重大突破性的进步，它极大地推进了酒技术的发展，它像催化剂一样，改变了靠自然搁置发酵得到酒的低效状态，明显地提高了出酒效率，也极大地提高了酒的纯度和质量，也成为后来酿酒技术中最重要的一环。我国酒曲的发明大约在商朝早期。在古代，多把酒曲称作曲蘖。

西晋初期开始记载我国古代的制曲技术。在酿糯米酒前，先制作酒曲，其方法是把米粉、多种草叶混合，加入豆科植物野葛的汁液、淘米水进行搅拌，分揉成团块状，在阴凉避风处放置一个多月，酒曲就制成了。

到我国北朝时期，北魏的高阳太守贾思勰，撰写了一部著名的农学著作《齐民要术》，是我国现存最早、最完整的农学百科全书，其中共记载当时北方的 12 种造曲法，对这些酒曲的制作方法都做了很翔实的叙述。它们都是以小麦为原料的黄酒曲。贾思勰按酿造的效能把酒曲分为"神曲""白醪曲""女曲""笨曲"等。"神曲"的效能最高，一斗转化原料小麦少则一石八斗，多至四石。对酿酒原料的选取、原料预处理、酿造温度控制、原料与水的比例等重要条件都一一做了总结。

另外，宋朝有专门介绍当时我国南方造曲法和酿酒的技术方法。在若干种制曲的方法中，第一类叫"罨（yǎn）曲"，是把生曲放在麦秸堆里，定时翻动；第二类叫"风曲"，是用树叶或纸包着生曲，挂在通风的地方；第三类叫"醭（bào）曲"，是将生曲团先放在草中，等到生了毛霉后就把盖草去掉。这些曲分别以麦粉、粳米、糯米为原料。为使酒的风味

制作酒曲

丰富，酒曲制作中又掺了像川芎、白术、官桂、胡椒、瓜蒂等草药和香料。

酿酒中极其注重原料的纯度，谷物原料淘洗显得尤为重要。酿造时，原料要分批添加，逐级发酵，便于控制发酵的温度，发酵温度过高时，要及时摊开降温，避免酒味变酸；酿酒用的原料水，首先选用水脉平稳的河水，其次是甘甜的井水，而万万不能用盐碱度大的苦涩之水；原料与水的比例要根据酒曲的等级决定，酒曲的质量好可以加大投水量。

葡萄美酒与蒸馏烧酒

古代粮食酿的酒，即米酒，酿造的过程较为复杂，因为其酿酒原料主要是淀粉，淀粉在糖化酵素的作用下，变成葡萄糖、果糖等糖类物质，这些糖类再在酒化酵素作用下变成乙醇。而古代水果酒的酿造就比较简单，因为水果中主要甜味物质是葡萄糖、果糖等，只要经过米酒生产的第二步就能得到乙醇了。

1. 出使西域与葡萄美酒

原始森林中，野果果皮上普遍附着有酒化酵素作用的酵母菌，当这些酒化酵母菌在果汁里繁殖起来，就会将果实中的葡萄糖、果糖转变成乙醇，从而使野果落地后成为酒果，使猴子乃至后来的原始人能尝到酒的味道，这也是有些笔记小说里提到猿猴酿酒的依据。不能将这种方式得到的含酒味的东西与水果酒相提并论，它是水果久贮腐烂的含酒产物，其中更多的是腐化物质，既不卫生又五味杂陈。

当然，落果中含有糖类的汁液越多，也越容易更多地得到这种果酒液。我国原始农业发展到一定阶段，特别是龙山文化以后，米酒的酿造逐渐多了起来。但在汉朝以前，我国还没有以水果酿酒的记载。或许，我国早期就是缺少这种多汁的水果。

葡萄是一种多汁的水果，可以自然发酵，酿酒也比较容易。西亚地区很早就盛产葡萄，首先出现了葡萄酿酒，相距不远的古埃及、古罗马和中亚等地区，也逐渐由购买葡萄酒变为学会种植葡萄和用葡萄酿酒。汉武帝时期张骞出使西域归来，从大宛（今中亚费尔干纳盆地），接受大月氏国的馈赠带回来了葡萄种子和葡萄酒。

张骞出使西域

到东汉时期，我国最早的药物典籍《神农本草经》中提到"葡萄……可作酒，生山谷"。只能说那时已知道葡萄可以酿酒，但没有说是自己酿造的还是从西部传入的。

到三国时期，按照一些记载，我国中原地区已能酿造葡萄酒，但不普遍，酒的质量和味道也不理想，而且时断时续，没有像米酒那样有大批量的优质酒畅销于市，这也与西汉之后，缺乏与西域来往，没有学到系统的葡萄酿酒方法有关。直到唐太宗时，随着与西域地区来往的频繁，从当时的高昌，即现在的新疆吐鲁番地区移植来了优良马乳葡萄，并学会了西域的葡萄酿造法，才酿出了"芳香酷烈，味兼醍盎"的好酒。从此，葡萄美酒就在中原大地上盛行了起来，并从王公贵族的享用进入普通人家，也成为边塞将士征战沙场时的杯中之物。

品味西域葡萄酒

2. 蒸馏方法与烧酒之始

　　单纯通过发酵酿造，酒中乙醇的浓度不会太高，因为当酒中乙醇的浓度超过 10% 时，就会抑制酵母菌的活动能力，发酵作用便会停止下来了。度数高的烈性酒只能通过蒸馏使乙醇富集得到，蒸馏酒的出现是酿酒进步史上的又一个技术飞跃。

　　我国的蒸馏酒何时出现，虽然人们很感兴趣，但至今仍没有一个统一的答案。在众多说法中，更多倾向于宋朝开始的说法。普通的酒是无法燃烧的，但到了北宋时期，诗人苏东坡曾描述了一种可以燃烧的酒，肯定是一种蒸馏酒了；南宋法医学家宋慈在其撰写的《洗冤录》提到：蛇咬伤人，可令人口含烧酒，吮伤口以吸拔其毒。这种可消毒的烧酒也应该是蒸馏酒。尽管宋朝可能已经有了蒸馏酒，或许并不普及。

　　宋朝制造蒸馏酒以文献为证，而对于金朝考古的发现就有了物证。1975 年在河北省青龙满族自治县发现了一具金朝铜胎蒸馏锅，据推测是用来蒸酒的，这也是唯一的工具物证。明朝著名医学家李时珍在《本草纲目》中提到一种烧酒，名叫"阿拉吉酒"，但那是元朝由东南亚传入

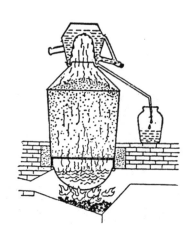

我国明清以来民间所用传统蒸馏器

我国的，是利用棕榈汁与稻米酿造的。李时珍只提及通过蒸馏法接受其冷凝液，却没有提及我国自己设计的蒸馏装置。即使到了明朝晚期，宋应星在撰写的《天工开物》中，也没有提及蒸馏酒。自清朝开始，我国民间酒坊采用蒸馏技术制作高度数的蒸馏酒开始盛行起来，也出现至今仍畅销于市的许多著名白酒。

3. 红曲培育与酸碱调制

酒曲能让酿酒原料朝着既定的方向转化，得到预想中的产物，同时也能加快酿酒原料转化的速度。我国古代造曲技术上，还有一项引以为豪的成就，即红曲（或叫丹曲）培育，它是由红米霉菌在籼稻米上滋生培育而成的。这种红曲不易被发现，即使发现了，也往往因为"不识货"，以为是造曲失败，所以制作难度大。因为红米霉菌的繁殖速度很慢，在自然界中很容易被生命力强且繁殖迅猛的其他霉菌类压制。北宋初年已有著作中提到"以红曲煮肉"，可见我国成功地制造并在生活中使用红曲应当在宋朝以前。

由于红米霉菌是高温嗜酸菌，在培育时需要根据它的这一特点，采用较高的温度下，特别是在酸败的大米上，当其他菌类受到了抑制时，红米霉菌却具有强劲的优势。这种不易为常人发现的利用差异优势的方法，必然是古代酿酒曲工们对红霉菌曲培养中耐心观察、长期总结的经验成果。

红米霉菌

在明朝宋应星的传世名著《天工开物》中对红曲的制作有非常翔实的记载。明朝在制作红曲时，是往米饭中加明矾水，明矾是强酸弱碱盐，偏酸性，以利于红霉菌的生长，虽然当时的曲工不了解其中的科学原理，但通过经验技术能摸索到这种工艺，也是非常难能可贵的，说明他们是要经过多少劳动积累才能得到这些经验。

红米霉菌食物防腐

除酿酒外，古代人们还发现红曲的用途很多，更多的用途是作食物防腐剂。在鱼和肉上薄刷红曲，蛆蝇不敢接近，即使盛暑也能保持味道不变，因为红米霉可以分泌出具有很强杀菌作用的抗生素。红曲还是很好的医药，李时珍说它能治疗赤白痢疾、消食活血、跌打伤损、健脾和胃。同时它又是像红腐乳、卤肉等很理想的食品染色剂，鲜艳且无毒。所以明朝宋应星、李时珍等名家称它是"奇药"。

陈香米醋与醛化工艺

大自然是一个杂菌共融即各种微生物共存的环境，当某种微生物占主要成分时，就会使粮食等朝着它们所能驾驭的转化方向形成产物。酒就是酒曲中的微生物作用的结果。而当引发粮食原料转化的曲料中有醋酸菌时，就会借助于这种菌类产生醋酸。大气中也常有浮游的生醋菌类和生酒菌类，其实酒曲就有醋菌，条件合适时，醋和酒一样也会出现，所以推测远古时期，会在得到酒的相近时期也会得到醋。

1. 醋的酿制与条件控制

在古代，酿酒技术掌握不好，经常酿出酸败之酒。这里的"酸"主要是醋酸的味道，是酒曲中的醋酸菌对乙醇进一步作用的结果；而难以入口的"败"主要是杂醛、杂酮、杂酯的味道。这说明酒类酿造的条件要适当。早期，在没有成熟经验以前，即使酒中有一些醋酸，也不是香醇可口的醋味，而是五味杂陈，甚至是苦涩的，它算不上酒，也算不上食醋，充其量只是无法下咽的酸败杂汁而已。

醋在古时叫作"醯（xī）"，但古"醯"字与今天的"醋"并非同义字。周秦之际的"醯"可以指酸的肉酱汁，其中含有氨基酸、乳酸等物质，也可能泛指各种酸味的食物。

西汉时我国有了食醋，当时名称为"酢"。到南北朝贾思勰的《齐民要术》中明确指出："酢，今醋也。"因此，可以判断到西汉时文字

古代食醋生产

中的"醯""酢"就专指食醋了，即当时已经有规模化酿造、享用食醋了。

以粮食酿造醋的发酵过程，大致可分为以下三个主要步骤：淀粉通过谷芽酵素或毛霉菌作用发生糖化作用，即淀粉变糖；通过酒化酵母菌的作用，发生酒化作用，即糖变乙醇；乙醇经醋酸菌的作用被氧化，最终转化为醋酸。这三个步骤既可在同一酿造液中依次发生，也可并行发生。

在醋酸产生的同时，还会有其他细菌酶系作用后的少量产物，如丙醇被氧化得到丙酰酸，丁醇被氧化得到丁酸，甘油被氧化得到二羟基丙酮，葡萄糖被氧化得到葡萄糖酸，蛋白质被分解为氨基酸。上述的这些有机酸又反过来接触醇类，能与醇类生成的有醇香味道的酯类，会使醋品味起来香鲜味美。

在目前成熟的酿造技术工艺中，乙醇经发酵制备醋酸需要具备以下若干条件：（1）酵液中乙醇浓度不宜超过7%；（2）醋酸菌生长的最宜温度为30℃，为加快发酵转化的速度，可适当提高温度，但温度最好不超过40℃；（3）因醋酸菌有好气性，需要有氧发酵，要给足空气；（4）发酵液中要有一定量的氮素和磷素；（5）和其他发酵相似，要尽可能减少杂菌。

2. 醋曲制作与酿醋关键

能够比较详细记载酿醋法的早期著作应该是南北朝时期贾思勰的《齐民要术》，其中有许多制曲酿醋的方法。例如"粟米（带皮的小米）

曲作酢法""秫米（黏高粱）神酢法""神酢法"和"回酒酢法"等，这里的"酢"自然就是指醋。其中造醋的原料包括：小米、高粱、小麦、糯米、大麦、大豆、小豆等农粮产品。《齐民要术》中所介绍的多属于上等香醋制作的方法。

块状醋曲

醋曲酵液中白醭

它描述大致的做法是：将大豆煮熟后先与面粉混合，再加水调和成饼状，平铺后用叶子盖上，让醋菌在饼上繁殖，即先作醋曲。

醋曲几天后生出菌丝，接着菌丝又生出大量黄绿色的曲，古时叫作"黄蒸"。在农历七月初七，相当于公历 8 月，用三份蒸熟的麸子加一份"黄蒸"，放在干净的陶瓮中，等瓮中温热后，再把两种原料充分搅拌起来，加水至恰好淹没。

保温放置两天后，压榨出酵液中的清液，放在大瓮中，再经两三天发酵，这时瓮体就会热起来，为防止温度过高，用冷水适时浇淋瓮的外壁，让它降温。液面上会逐渐起白沫（叫作"白醭"）泛起，为达到充分氧化，减少白沫对氧气的隔离作用，防止厌氧菌会乘机发展起来并阻碍醋酸菌生长，要及时捞起撇掉白沫。这样满一个月左右，食醋就算酿成了。

北魏时期，匠人们对酿醋工艺的几个关键环节，都有了精确的把握，条件控制也非常严格，也很符合科学道理，表明当时酿醋技术已经达到了很高的水平。例如：（1）当时已把醋的生成和滋长出来的"衣"联系起来，即已注意到醋酸菌的发育和衰老的变化与醋酸发酵之间的关联；（2）按现代微生物学的知识，已意识到"白醭"生成不利于醋酸菌的生长，要尽快撇掉；（3）已认识到醋在很浓的酒中是难以酿成的，所以用于酿醋的酒一般都比饮用的酒要淡得多；（4）很注意发酵温度的控制，夏季冷水淋瓮散热，春秋季要放在温暖处，以提高温度。这些经验一直为后世所借鉴。

2. 食药并用与名醋辈出

东汉时，醋既食用又开始用作医药，据说东汉名医张仲景治过黄汗病，这种病人出汗色黄如柏汁，黏附衣物，他就用"黄芪、芍药、桂枝、醋汤"入方。南北朝名医陶弘景《名医别录》指出醋能"消痈肿，散水气，杀邪毒"。

在古代炼丹术兴起后，醋很快又被炼丹方士所用，据说他们用醋和硝石制成溶液，能溶解很多矿物，如丹砂、蒸石、雄黄等，成为"水法炼丹"的主要溶剂，因为这种溶液中有硝酸的成分，所以这种方法也很有道理。

糖醋　　　　　　　　　　　　　　　果醋

最晚到隋唐，制醋匠人不仅熟练地掌握了用粮食通过生曲、发酵的过程造醋，而且制醋原料也更加丰富起来，醋的品种也极为丰富。当时除有米醋、麦醋、曲醋、糠醋、糟醋等粮食醋外，还有以饴糖为原料的糖醋，以及以葡萄、桃、大枣等为原料的果醋。当然最重要的还是米醋，它的味道最为浓烈，并且也只有它能够入药。

我国现阶段普遍熟悉的山西陈醋、镇江香醋，它们是我国的两种传统名醋。

山西陈醋的醋曲用大麦、豌豆和黑豆为原料，特点是酸而不酽，甘而不浓，鲜而不咸，辛而不烈。造醋时，先将黏黄米、高粱合煮成粥，加入 20% 的醋曲，一个多月后便成为醋醪，再加入麸皮和小米糠，拌匀后放置在曲房中，在 35℃ 下发酵，经过十天后成醋糟，再移入淋缸淋醋得到新醋。新醋经日晒蒸发、捞冰去水（冬天室外，醋水结冰后捞出）等工序的不断发酵、浓缩，风味便愈加酸甘酽浓，在陈化一两年后便可叫"老陈醋"了。它的这种传统制法在 1400 年前的《齐民要术》中已基本成型。

山西陈醋　　　　　　　　　　　　　　　镇江香醋

镇江香醋特点是酸而不涩，香而微甜，色浓味鲜，成为许多江南名菜不可或缺的重要调料。它以糯米酿造，首先是糯米蒸饭，然后是 30℃ 下糖化、酒化，分批添加麸皮、谷糠，采用固态分层次发酵，目的是保持发酵物和氧气能充分接触，逐步扩大醋酸菌繁殖。淋醋过程包括过滤、浓缩，使醋增浓，密封贮存 6 个月以上出品。镇江香醋迄今已二百多年，但溯源到陶弘景的米醋源头，也就是南北朝时期了。

微生物作用酱调味成

酿造就是用特有的微生物对粮食类原料进行特有方向的转化，生产特有产品的过程。例如前面提到的酿酒、酿醋等。中国古代还有一类酿造就是酱类的制作，其中以豆酱为主。中国的豆酱是以豆类加入面粉为原料经过发酵制成的，至少也有两千多年的历史，因为西汉的著作中就总结到用豆类加入面的配伍方法；东汉的著作则提到制作酱时选择适当的季节，避开梅雨季等。

1. 制酱曲酶与甘醇鲜味

既然是酿造，仍必须有特定微生物的培养和使用，即酱曲的制作，如古时提到的"黄衣""黄蒸"，就是制酱、制醋的曲料。它们是碎块状的，"黄衣"是用整颗的麦粒做的，而"黄蒸"是用舂碎磨细的麦粉做的。将这些原料团块蒸熟，摊放在席子上，用幼嫩的荻叶盖上，形成一种特有的微环境，慢慢地团块表面长出一层黄霉菌，曲料就做成了。这种曲料能分泌出淀粉酶和蛋白酶。

酱曲

淀粉酶对淀粉既有糖化作用，也有酒化作用，产生饴甜醇香的味道；而蛋白酶可水解豆类中的蛋白质，将其转化为氨基酸，产生鲜香的味道。这是酱类甜醇鲜香糅合在一起的主要原因。这种制曲的方法在南北朝贾思勰的《齐民要术》中就有专门描述，说明这个时期的技术经验已经很成熟了。

2. 酷暑湿热与黄霉培养

黄霉菌的培养需要较高的温度、湿度。《齐民要术》中提到它的培养要在农历六七月，相当于我们现在的公历七八月。贾思勰所在的黄河中下游地区，盛夏气温高，湿度大。酿造酱时将原料用水浸没于瓮中，让它发酵变酸，因为黄霉菌能耐微酸性的环境，而这种环境可抑制一部分不耐酸的杂菌。又如，酿造酱时还要加入盐，这样可抑制很多对人体有害的腐败菌和其他细菌的繁殖。用这种条件差异的方法，进行有害菌类的淘汰，是古人酿造技术的又一案例。

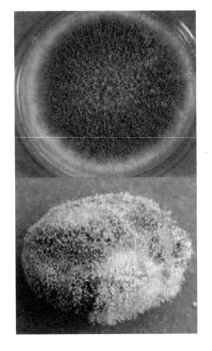

黄霉菌

3. 豆酱制作与酱油提取

我国流传至今的豆酱传统制法大致顺序是：先把大豆浸泡，然后蒸熟，拌入约25%的麦粉，制成"黄蒸"类的酱曲，再加入15%—20%的浓盐水，搅揉成团，赶在雨季以前，放在太阳下曝晒半个月至两三个月，或在室内条件下时常搅拌，存放几个月到一年，这样就在各种微生物作用下，酿制出了具有独特香味的豆酱。

酱油是在古代上述豆酱制作的基础上生产出来的。豆酱生产出来后，通过沉降、过滤、淋洗或压榨的方法，就可以从豆酱中得到液状的、具有豆酱味道的酱油了。这种食法至迟在东汉已经有了。东汉著作《四民月令》中提到的"清"就是指酱油。比它晚些时候的南北朝的《齐民要术》在"做酱"一章中，固然没有用到"酱油"一词，但在烹调食物的文章中，

酱油

豆酱

在做肉酱、做猪肉等菜品中，都用到"酱清"一词，这里就是指酱油。到了唐朝，酱油不但普遍被采用为调味品，竟然也进入了医方，孙思邈的《千金要方》治手指掣痛就是"用酱清和蜜温热浸之"。

五、理想务实的融合——炼制丹药

中国炼丹术是封建社会的产物，它是企图从普通药物中炼制出长生不老药。中国是炼丹术出现最早的国家，在公元前2世纪的汉武帝时期，中国就有了最初的炼丹术，其理想甚至是虚妄的，行为活动可以追溯到战国至秦汉之际，而物质与技术基础则可上溯到远古医学的萌芽时期。

长生愿望与升炼神丹

1. 原始医术与草本药物

中国古代炼丹术是在古代医药制造的基础上产生的一个独特分支。古代药学是远古医学发展到一定阶段才产生的，也是与古代化学密切相关的一部分。原始社会后期出现了一些简单的医学治疗方法，如热敷、锥刺穴位、接骨等，但是尚没有使用药物治疗。直到春秋战国时期，人们才开始用草本植物进行药物治病，这也是中国最初的药学称作"本草"的原因。

本草药物加工

最早的本草学著述，其主要内容是各种药材的药性、生理效应、主治疾病、产地、采集季节和加工炮制的方法等，很少提及药材自身变化和相互反应变化等化学性质。这些药学家只是简单地利用天然的草本药物，并不是对天然药物的提纯或化学加工，更谈不上新药物的化学合成了。

2. 海上寻仙与炼丹

我国战国时期，齐国、燕国、楚国等地神仙传说盛行，把神仙描述成不但自身能不老不死，还能制作仙药，超度凡人，让人长生不老。这种传说非常迎合一些帝王的想法，特别是到秦始皇统一中国后，在民间方士的鼓动下，曾组织大规模的团队去方丈、瀛洲、蓬莱等地的海上寻仙求药。屡次失败后，则开始由寻求仙药转为人工制作长生不老药，如后来出现的灵砂、轻粉、粉霜、铅霜、铅丹、砒霜等，通过早期化学方法制作的药物成为炼丹术的最初化学成果，也经炼丹人向医药的拓展应用，成为古代医药学的一个分支。

中国的炼丹者常具有医生和炼丹家双重身份。但是，炼丹方士除医治疾病外，更向往实现长生不老。在随后的寻仙问药失败后，自制长生不老药的炼丹活动兴起。在汉武帝时期，炼丹人被称为炼丹术士或方士。

秦始皇望仙台

炼丹术士主要操作的不是本草植物，而是矿物原料，原本的植物甚至动物原料只是作为辅助原料使用的。他们在被称为"神室"的密闭容器中，按照早期"阴阳五行"等的理论，加入不同的矿物原料，一般用火炼的方法，被称为"升炼"，用所谓的升级后的物质即"神丹大药"来延长人的生命，希望由此实现长生不老的愿望。

3. 窥探化学与实验探究

虽然这种虚妄的活动是不可能成功的，但它是我们的先人真正地认真窥探化学世界的一个宝贵时期，他们为此做了大量的化学实验，得到了许许多多自然界本不存在的化合物，甚至还分离得到许多非常纯净的元素单质。这种活动深化了对制陶、炼铜、炼铁、酿酒等实用化学工艺中物质变化本质和规律的思考认识，是化学原始思想的形成时期，也是近代化学科学的源头。

实践是检验真理的唯一标准。炼丹术最初虚妄的理想在经过实践检验后，以失败的结果而最终消失在历史的长河中，但它那些具有化学科学价值的成果却没有消失并被积淀下来，成为后来化学的基础，启发着后人对化学科学的深入研究，最终成为脱离早期医药学的独立的学科。

东晋之后，中国出现了许多具有炼丹家和医药学家双重身份的人物，如东晋的葛洪、南朝的陶弘景、唐朝的孙思邈等，都是极具声望的医药学家，同时又是大名鼎鼎的炼丹家。炼丹术成为中国古代化学的原始形式。

天人合一的炼丹理论

中国古代炼金术从西汉武帝时期开始，到清朝同治年间结束，前后经历了两千多年的历史。在这场旷日持久的对物质变化世界的原始探索活动中，必然会有一种理想的引导，有若干理论的支撑，才能使方士们虽屡战屡败，却又矢志不移，勇往直前。

在春秋战国较为系统的古代医学产生之后，帝王在疾病痊愈后，更希望自己能万寿无疆，这也是引发炼金术的最初理想。从战国到秦朝，海上寻仙问药的失败，导致人们要自力更生，决心自己动手炼制那种奇药。但是，天地万物，什么能够进入他们的"法眼"？哪些物质能够经过加工食用，并使人"与天地同寿，与日月同辉"呢？这就要靠理论的指导了。

I. 藉外物以自坚固观念

我国第一位金丹术的理论家是东汉时期的炼丹大师魏伯阳，他有一部著作《周易参同契》，其中的观点有：黄金不怕火炼，不怕环境腐蚀，这种宝物如果让人吃下去，肯定也能使人抗拒衰老，长命百岁。东晋时期我国又出现了一位著名的医学家兼炼丹家葛洪，它在《抱朴子内篇》中，建立了中国金丹术历史上最为完善的理论体系，其中的观点有：黄金能抗拒烈火和腐蚀，通过服用可修炼身体，使人不老不死。所以，黄金就成为第一种人们尝试的长生不老药。

这种用类比求长生的思想，也影响到人们对炼丹制药的进一步探索。在方士的思想中，能够与天地同寿，与日月同辉，是一种神仙境界，它能像鸟儿一样插翅腾飞，遨游天空。要达到这种境界，必然服用那些遇火容易升华的物质，才使自己有脱胎换骨、腾云驾雾的仙气。

受这种简单类比思想的左右，丹砂（红色硫化汞）、水银就成为炼丹术士心目中第二种灵丹妙药了。红色的丹砂被方士们与生命联系在一起，再加上丹砂（硫化汞）加热焙烧后能生成水银，而冷凝后又回归丹砂。这种可逆循环的变化，使他们认为丹砂能让人生命轮回，起死回生。而丹

自然界的丹砂

砂烧成水银后，继续加热，水银能蒸发，变得无影无踪，这种变化使他们认为丹砂的产物能让人插翅腾空、羽化飞升。

中国的方士把黄金称为金液，把丹砂称为神丹，两者合称为金丹，称它们是最神圣的仙丹大药。葛洪把这种长生术理论归结为"藉外物以

自坚固"，也就是说，用金石的坚实使人体强壮、生命延长，异想天开地要把金丹的抗蚀性与升华现象生搬硬套地移植到人的健康中去。

有人试着服食过黄金，却丢了性命。所以，方士们不主张服食天然黄金，认为黄金在野外经千万年接受太阳的精气而生成的，性大热，有大毒。需要矿物为原料，制造出人造的"黄金"，才能得到长寿的药金。那么，天然的丹砂呢？同样认为经人工制作、反复升炼、去除杂质，才能成为神丹。这种提纯和转化物质的过程，就是炼丹房中最原始的化学实验活动。

在后来的中国炼丹术中，还产生了其他一些丹药，如红色的铅丹（四氧化三铅）和汞粉（氧化汞），金黄的雌黄、雄黄（三硫化二砷和四硫化四砷）以及黄丹（氧化铅）、白色的砒霜（三氧化二砷）、氯化汞等。

随着炼丹的不断发展，方士们使用的矿物原料品种也在不断增加，"五金八石"，铜、铁、铅、锡以及曾青、矾石、石胆、磁石、硫黄、硇（náo）砂、白盐、硝石等都是炼丹的药物。

2. 阴阳五行的指导理论

没有理论指导的实践是难以持久的。当炼丹材料不断丰富时，用什么理论把炼丹原料和炼丹方法纳入统一的系统中，使人们炼丹活动设计有依据，配伍有规范，操作有章法呢？当然，在中国早期关于变化的理论，影响最早也是影响最大的当属《易经》，或者说是西周的版本《周易》，其中阴阳变化学说成为炼丹术认识一切化学过程、化学变化的理论基础。

《周易》中原初的抽象、玄虚理论，经过后来数代人炼丹实践，形成了非常具体化、有条理的金丹术指导理论。东汉方士魏伯阳将《周易》、黄老、炉火

《周易参同契》著作

术三者参照会同而契合为一，写成了炼丹的理论性著作《周易参同契》，以《周易》的阴阳学理论来阐述炼丹术，强调阴阳二者是炼丹术原理的要素，将炼丹活动与《周易》理论表达得珠联璧合。

唐朝是我国金丹术的鼎盛时期，炼丹家进一步以阴阳学理论统一炼丹原料，通过对矿物原料的化学性质、化学变化的归纳总结，把各种矿物药分为阳药和阴药两大类，而运用阳药、阴药在人体彼此消长、彼此协同与相互制约成为炼丹的关键所在，若违反这些原则，会导致炼丹失败。

在炼丹中，常把易燃、颜色赤黄、见火易飞的矿物，隶归阳性，如黄金、硫黄、丹砂、雄黄、曾青等。而那些产于阴湿地段、不能燃烧、形色晦暗、性质惰性的归于阴性，如黑铅、水银、硝石、硇砂、矾石等。

如何准确地定位哪类药物属阳？哪类药物属阴？只有通则，而无明细，所以随着炼丹的推进，又终究使这一指导理论归于虚无。这种物质分类法用现在的眼光来审视并非很科学，但毕竟提供了指导古代方士炼制许多重要化合物最原始的方法依据，促进了对物质变化的研究。

阴阳之道

在这些探索过程中，曾经用丹砂与明矾、硝石升炼出了氧化汞，用水银和硫黄炼出了红色硫化汞，用丹砂与矾、盐炼出了氯化亚汞，用雄黄和硝石炼出了砒霜，用金属锡与雄黄炼出了二硫化锡（金黄色的彩色金）等。因此，阴阳学说在中国化学的原始阶段还是起到过积极作用的。

3. 加速金石进化的思想

那么，天然的金石为什么能在丹鼎中升炼成神丹？品位低贱的铜铁铅锡为什么能转化成高贵的金银？古代的方士们为什么会对这种尝试坚信不疑呢？

炼丹术理想中的炼丹炉

在《西游记》中，我们记得王母的蟠桃园里，蟠桃的品级是由成熟时间决定的；在太上老君的炼丹炉里，炼制时间越长，仙丹品级越高。这些都反映了中国古人的一种物质变化的观点。天然物质随着时间的推移，会朝着自我完善的方向转变。只要时间足够长，某些物质就能逐步向黄金，甚至长生神丹的方向转化。当然，人们更需要的是能在较短的时间内实现这些转化，才能为我所用。

而炼丹炉的作用就是要人为地创造一种环境，加速推进这些变化。这是一种人定胜天的思想。有了早期矿石变金属的冶炼史，就有了他们人工实现金石变化可能性的有力凭证。方士们坚信，金石药物在丹鼎中，仿照天地阴阳造化的原理，加上水火相济的条件，就可以短时间内实现自然界漫长的变化过程，神丹、黄金、白银都可以在人们的操作下迅速完成。炼丹家认为丹鼎就是一个能人为控制的小宇宙，可见中国古代的炼丹家们有理想、有理论，并用他们理解的宇宙规律模拟设计丹药的炼制过程。

时至今天，在高科技的背景下，虽然原始化学已成为往事，但是古人"加速金石自然进化论"的思想以及模拟大自然的不凡气魄还是应给予充分肯定和高度评价，这是原始化学活动留给后人的思想和精神遗产。这段从认识到实践的历史，固然摆脱不了古代神秘主义的时代局限，但这确实是今天模拟自然条件实现人工合成天然物质的现代化学思想始祖，也成就了我们当代许许多多人造物质的创生。

造化万物的神丹仙炉

炼丹术是早期化学研究的原始形式，那么中国古代炼丹术中的设备就是古老的化学实验仪器，这也是中国古代化学成就的一个重要组成部分。

中国古代炼制神丹，其基本方法是以金属、矿石等金石药物，按照炼丹术士的理论设想，以某种布局或一定比例将它们混合起来，放入反应器中加热，或得到加热反应后的产物，或将加热后的升华物冷凝收集。这种用于加热的反应器就是炼丹设备，在古代称为炼丹炉，也叫炼丹釜。

1. 汉朝初期的陶制土釜

炼丹用的加热用具称为丹釜。先由泥土烧制成两个陶制土釜，然后上下相扣组成丹釜。炼丹时，将金石药物加入丹釜中，用泥在衔接处封口，然后加热下釜，一定时间后取出反应后的产物。若产物是升华物，如水银、硫黄等，可使产物冷凝在上釜的内壁，用空气冷凝的方式得到。

汉朝制作一种叫作"五毒丹"药物的方法是：将石胆、丹砂、雄黄、礜石、磁石放入釜中，封严后烧三天三夜，升华产物附着在上釜内壁，结束后用鸡毛扫下。从这里可以看出，早期炼丹术的反应器就是移植了更早使用的制药设备。这种上下土釜的反应器一直沿用到隋朝。

2. 唐朝盛世的水火丹鼎

唐朝是中国炼丹术的鼎盛时期，丹釜也更多地由陶制土釜改为金属制造。如图所示的上瓦釜和下铁釜组成的丹釜。唐朝著名的医药学家、炼丹家孙思邈用的就是这种丹釜。值得注意的是，下面的铁釜在使用前，要在内壁加敷一层厚厚的黄泥，干燥后使用。说明当时的先人已经通过

实践知道，金属铁是容易与许多物质发生反应的，会影响到炼丹的预期结果，而泥土属于比较惰性的物质，能起到保护层的作用。

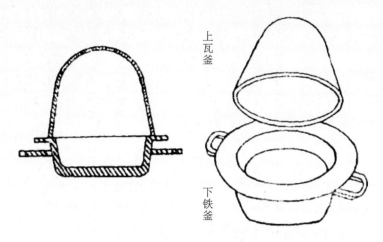

上瓦下铁的丹釜

唐朝孙思邈用这种设备升炼"赤雪流珠丹"时，预期是得到晶亮的金黄色精制雄黄，但如果直接用铁下釜，会得到乌黑的砷块，黑色所代表的"晦恶"之意，是不能作为他们心目中神丹大药的。

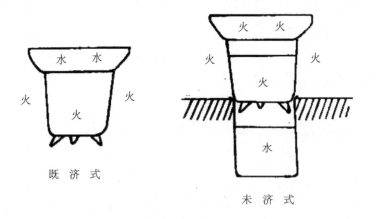

中国炼丹术中的水火鼎

在这基础上，唐朝将炼丹的反应器改为鼎。放置金石原料用于加热的鼎叫火鼎，内放冷水用于冷凝升华物的鼎叫水鼎，合起来叫水火鼎。初时的水火鼎是分别制造出水鼎和火鼎后组装而成，如图所示。按照组成，水鼎在上，火鼎在下，这种称为既济炉；火鼎在上，水鼎在下，称为未济炉。这都是根据易经六十四卦中上水下火为既济卦，上火下水为未济卦而命名。到宋朝时，水鼎和火鼎一体化，成为结构较为复杂的未济炉与既济炉的水火鼎。未济炉上还装配专门的流水冷凝管，以冷却下部的水鼎。设计精巧，接近近代化学仪器了。

既济炉

未济炉

既济炉与未济炉

当时，丹鼎一般要放置在丹台上。这是受阴阳五行神秘主义哲学观和迷信的影响。丹台三层，与天、人、地相对应，八个门代表八风。丹台南面埋丹砂，北面埋石灰，东面埋生铁，西面埋白银。用古镜一面，布置二十八星宿灯，悬挂纯钢剑一支。

3. 宋朝理性的水法加工

炼丹设备中，宋朝人设计、制造的"飞汞炉"，是一种专门抽炼水银的装置。

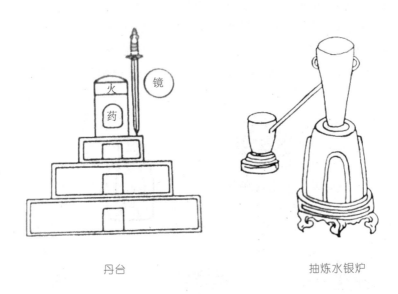

丹台　　　　　　　　　　　　抽炼水银炉

悬胎鼎

在丹鼎中，还有一种叫作"悬胎鼎"。它是在一个大罐中放水或放醋。把药物用丝帛或布包扎起来，上端用线扎紧，悬挂并浸入水中加热煮。通过热水把药物中的需要成分浸取出来，同时避免药渣进入溶液。这种设备采用的不是以往的火炼法，而是一种水法炼丹的设备。这种设备省去了过滤步骤，设计很巧妙，如图所示。

为粉碎、细化、混合金石原料，炼丹术中也会用到研磨的处理操作。先把各种药物分别碾碎、混合，加大不同药物间的接触程度，能有效加快反应速度。这些设备类似药房中的乳钵和船形轮碾研磨器。宋朝有一种很讲究的乳钵，如图所示，似乎有一定的自动化水准，它的名字比较奇特，叫作"沐浴"。

在现代的化学实验仪器中，玻璃仪器的比例很大，其优点是坚固、耐用且便于观察。但是，在我国古代炼丹术中有土制、木制、陶制和金属制作的设备，却没有玻璃仪器，没有蒸馏设备，这是我国古代相对于西方希腊炼金术、阿拉伯炼金术和西欧炼金术的缺陷，也影响了我国古代炼金术最终的发展速度和水平，最终我们的古代炼金术没有产生近代化学。

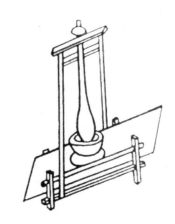

炼丹术中的"沐浴"

升炼水银与丹砂加工

从汉武帝时期到清朝同治年间，历时两千年的中国炼丹实践，产生了许许多多的神丹大药及其升炼方法。从名称看，因炼丹方士多为道教人士，丹药一般也赋予道学名称，如：乾坤一气丹、混元丹、太乙小还丹等；从方法看，主要以火炼为主，用升降表达阴阳两极或五行元素的消长；从成分上看，主要包括汞化学、铅化学和砷化学，这些内容也是中国丹药成就的典范。弱化道学阴阳，在这里我们主要从化学元素的类别讨论中国炼丹术两千年的化学成果。

1. 红色丹砂到水银球珠

它的炼丹术名为丹砂，自然界中有这种物质，外观呈鲜红色，使古人凭想象感觉可能与生命有某种关系。这是我国炼丹术中最早接触到的一种化合物，主要用途是从丹砂升炼水银，另一用途是通过多次升炼分解和凝结提纯丹砂。

丹砂粉末

从秦朝到清朝，用丹砂升炼水银，从工具到方法经过了以下几个技术阶段：（1）用土釜盛放丹砂，直接下火加热使丹砂硫化汞分解，以此得到水银，但该方法弊端太多，这种开放性烧制导致水银蒸发中毒严重，产品水银在釜底所剩无

水银球珠

几；（2）改为两个土釜相扣，釜下加热，水银在上釜冷凝挂附，中毒减少但操作难度大；（3）用相反的方法，在金属火水鼎中，上面加热，水银分解出来后，在下面水中凝结留存，操作难度和中毒程度明显下降；（4）采用了类似蒸馏器的设备，下面是金属釜加热，上面是收集汞蒸气并通入水中冷凝的导管，过程密闭操作，环保、易操作、投料量大。

常态下，水银和硫黄在室温下一旦接触就会发生化合反应。实验室清理漏洒的水银就是用这种方法。但这种情况，生成的是黑颜色硫化汞，我国古代称之为"青砂头"，颜色晦暗难看，方士们为了长生不老的目的，自然不会对它感兴趣。但如果把这种黑色的物质放在密闭的土釜中加热，使它升华分解后再凝结合成，得到的硫化汞就是鲜红的晶体了，很符合炼丹家们的意愿。

天然朱砂晶体

辰砂硫化汞

　　用人工方法升炼凝结水银和硫黄两物得到了这种硫化汞丹砂约在隋朝，名为"太一小还丹"；唐朝，又称之为"灵砂"。不断地把硫化汞热炼成水银，又把水银与硫黄凝炼返回成硫化汞，不断提高丹砂的成分纯度和晶体透明度，所以被描述为"积转越久，变化越妙"也使得丹砂越加神奇。

　　由于丹砂这种能反复操作的可逆反应现象，使炼丹家们又凭想象把它与生命的生死轮回联系在一起，认为通过物质的这种特性能使人起死回生，不死不灭。而丹砂的分解物之一水银，能够"见火则飞，不见尘埃"，即加热能蒸发得干干净净，这又增强了炼丹家们对"羽化飞升"的想象。

升炼朱砂

2. 液态水银到红升丹粉

在得到水银后，方士们只要把它在空气中缓缓加热，使水银和氧气反应生成氧化汞，颜色为鲜红色，外观与硫化汞也很相似。在操作中，温度不能太高，也不能太低。因为温度太低，水银和空气中的氧气不能反应，或反应速度太慢，如450℃以下；而超过一定温度，如500℃以上，生成的氧化汞又会分解成汞和氧气，所以一般要控制在500℃以下。但在空气中加热制取这种物质，特别是古人用柴火加热，恰到好处地控制温度确实难度较大。

最初可能是在偶然加热水银中得到了它，由于外观与丹砂相似，未能很好分辨它与天然的丹砂有什么区别，约在南北朝时期，著名医学家、炼丹家陶弘景最先区分了这两种物质，为有别于红色丹砂硫化汞，他把水银加热得到的红色氧化汞称之为"汞粉"。唐朝时被尊之为长生仙药之一。

南朝炼丹家陶弘景

到明朝，医药学家在继承了这种丹药制法的基础上，进一步改进了升炼的配方，以水银、焰硝（硝酸钾）和绿矾（硫酸亚铁的水合晶体）三种原料合炼，可以更简单并有操控把握地得到这种物质，成功率高，分离后产品纯净。因用三种原料炼成，被称为"三仙丹"，由过去内服的丹药，逐渐变为外用的疡科良药。

清朝时，为了增加其杀毒疗效，在原料中又增加雄黄，并改称"红升丹"，但"红升丹"中已含有砒霜成分了。后来的乾坤一气丹、混元丹、七星丹等，都是基于这种丹药的再发展，主要成分还是氧化汞，能够治疗痈疽疔毒、梅疮瘰疬，主要功能体现在去腐、拔毒、敛口、生肌，长生的作用弱化了，但在中医疡科药中地位却提升了。

3. 丹砂水银制备氯化汞

氯化汞是对氯化高汞和氯化亚汞两种汞化合物的统称。中国的炼丹家们早就制取到了这两种物质，其中氯化高汞被称为粉霜或水银霜、霜雪，俗名升汞；氯化亚汞，被称为轻粉或水银粉，俗名叫甘汞。

这两种氯化汞化合物都可用丹砂（或水银）、矾和盐等共炼而得到，外貌也相似，当初方士们常把它们混淆。但现代化学区分它们倒不难，因为升汞易溶于水，而甘汞难溶于水，分离和区分都是用此法。

炼丹家们先制得的是轻粉，即甘汞，其基本配方是丹砂硫化汞（或水银）、矾（明矾硫酸钾铝、绿矾硫酸

氯化高汞

氯化亚汞

亚铁都可以）、食盐。最早的见于东汉炼丹术典籍。

制备粉霜，即升汞，其基本配方是在上述轻粉配方中再加焰硝（硝酸钾）。因为硝酸钾是氧化剂，可以将一价的亚汞氧化成二价的高汞。这种物质的制备比甘汞晚，约在东晋时期炼制出来，配方是水银、硫黄、食盐、硝石。

到元朝，经过逐步改进，制造粉霜的上述配方和工艺才定型。但这两种化合物没有作为长生仙药，只作为炼制其他丹药的辅助性药物。宋朝以后，这两种化合物主要体现它们的医药功能。如轻粉的通便、治瘰疬、杀疥癣等功效，粉霜通治疮毒、溃疡、阴疽成瘘、脓水淋漓等功效。清朝，又往粉霜中加入少许砒霜以增加其疗效，该药就是当时著名的"白降丹"。

铅制粉霜与三仙丹药

铅与铅的化合物也是中国丹药化学成就中非常有代表性的一个领域。炼丹是人们原始的物质探究活动，很多认识带有想象和感性特点，涉及药物的选择依据，除有可变性外，物质的颜色成为炼丹家入选的重要条件，而铅在化学反应中产物较多，颜色变化多端，如黄色的黄丹（一氧化铅）、橘红色的铅丹（四氧化三铅）、红色的红丹（二氧化铅）以及白色的铅粉（碱式碳酸铅）、白色晶体铅霜（醋酸铅）。前三种是铅的氧化物系列，后两种是铅的盐类系列。

l. 铅制酒具的白色粉霜

原始农耕以后，随着粮食的逐渐增多，生活中有意识的酿酒制作便开始普及。到奴隶社会的商朝时，我国酿酒规模已非常可观了。同时，这个时期也是青铜制造高峰阶段，铅金属的生产数量也较大。铅质比较柔软，它的良好可塑性成为人们制作很多生活器皿的常用材料。

酿好的酒往往是贮存于铅罐里，当时没有蒸馏的高度数酒，自然发酵的酒浓度不大，其中的酒精（乙醇）很容易被氧化变成醋（乙酸）而酸变，于是铅便会与乙酸反应后慢慢溶解到醋中，生成醋酸铅（或乙酸铅），这种白色晶体状物质俗称铅霜。及至宋朝，铅霜进入了中药，能消痰、止惊悸、解酒毒、疗胸膈痞闷。

古代酒具

铅霜

而铅霜进一步与水、空气中的二氧化碳反应后，会生成碱式碳酸铅沉淀下来，这就是铅粉。这种制作技术早在炼丹术兴起以前就出现了，制造方法是来自偶然的发现。铅粉很白，遮盖能力很强，在我国春秋战国时期，它已普遍用在化妆品中的增白粉和油漆、粉刷中的白色颜料了。

铅霜和铅粉是金属铅连续反应的系列产物，先得到铅霜，后得到铅粉。在这一过程中，铅霜的出现比较慢，是影响系列反应的"瓶颈"步骤。随着铅粉需求数量的不断增加，靠自然条件自发反应的上述的古法，产品数量已不能满足使用要求，在此基础上，人们凭借经验积累，又进行了新的改进。

2. 提速铅霜的醋液熏蒸

当时的人们发现，单纯铅与醋接触，生成铅霜的速度很慢，若是用铅汞合金与醋接触，生成铅霜的速度明显加快，特别是温度升高时更是如此。所以根据这一现象，加上当时人们已初步掌握了金属汞的炼制技术，先把金属铅与汞接触，在界面上制成铅汞齐，即铅汞合金；再将铅汞齐材料悬挂在醋罐中熏蒸，反应就快得多，如果密封隔绝空气中的二氧化碳，得到的是铅霜，而开放性熏蒸则会得到铅霜和铅粉的混合物；随后把铅霜或混合物刮下，在热炕上煨烤一个多月，上好的纯品铅粉就大批量制成了。

唐朝是炼丹术的高峰期，炼丹成果也非常多。这种新工艺初创于唐朝，延续到明朝成为一种常规的制法。这种方法利用了一种电化学的原理，是汞与铅在醋酸中形成的阴阳电极导致铅迅速氧化溶解。但当时的先人们能够通过观察而总结出这样的经验，也体现了我们祖先超人的智慧。

3. 金属铅氧化的三仙丹

把金属铅放入铁锅中缓慢加热、熔化，继续焙烧，铅就会逐渐被空气氧化，生成黄丹（一氧化铅）；如果持续焙烧，又会生成铅丹（四氧化三铅）；进一步大火猛烧，则生成红丹（二氧化铅）。黄丹的金黄，铅丹的橘红，红丹的大红，都被炼丹家们感性地看作是生命延续的神丹大药。

铅丹——四氧化三铅

唐朝在这一方面的创新是硝磺法，它使铅丹的制作效率和质量都得到显著提高。做法同样是先把黑铅熔化，但随后加入硫黄和焰硝（硝酸钾），不断搅炒，直到完全变为红色铅丹为止，这里实际上是用到了硝酸钾的强氧化性。明朝时，医药学家把这种硝磺法改为硝矾法，即把铅与白矾、焰硝一起加热。很明显，这是汞化学中"三仙丹"配方的推广。黄丹和铅丹自古都是医药，汉朝的《神农本草经》药物典籍中已做过介绍。

砷单质及其化合一族

I. 砷元素的化合物一族

含砷的矿物主要有雄黄、雌黄、砒霜和礜石（硫砷铁矿）等几种。

这些物质在提纯后，是中国炼丹术中常用的砷化学药物。雄黄的红色和雌黄的黄色，还有砷化合物的杀虫特点，都是炼丹家所特别感兴趣的。

雄黄 　　　　　　　　　　　　　　　　雌黄

唐朝著名的医药学家、炼丹家孙思邈曾升炼过雄黄，得到了升华又冷凝后的雄黄针状结晶，命名为"赤雪流珠丹"，对疟疾有很好的疗效。

2. 从砒霜制备的砷单质

砒霜的制备方法是：将雄黄、砒石、礜石一起放在空气充分的土釜中加热，利用空气的氧化性，就能得到砒霜结晶。隋朝炼丹术著作将砒霜与猪肠脂合蒸，吃了可以杀灭体内的"三虫"，冬季裸体也不觉冷，但缺乏科学依据，所以食用后中毒的案例比比皆是。隋唐之际，砒霜正式列入中医药，被命名为"貔（pí）霜"，毒烈像猛兽"貔貅（xiū）"，但少量服用可以治疗疟疾、心痛、牙痛。在我国宋朝的药学文献，甚至还有用少量砒霜治疗癌症的记录。

天然砷

　　在中国炼丹术中有一项特别值得评价的是砷单质的制备，因为炼丹家炼制时常会把砒霜、中草药混合加热，草药加热炭化后就会作为还原剂将砒霜中的氧夺走，将砒霜还原为单质砷。虽然也属经验技术的偶然所得，但对于用单质砷点化其他金属，制备砷和其他金属的合金，起到了重要的作用，也是一项重要的古代化学成就。

六、古装内蕴的基础——色料色染

五彩色料与社会层次

我国周朝的"染人"是管理染色的官员。秦朝的"染色司",汉朝到隋朝的"司染署",唐朝的"练染作",宋朝的"内染院",明清时期的"蓝靛所"等,这些都是官方专有的染色管理部门,也是垄断着当时染色技艺的研究机构。

中国古代等级制度森严,在服装上也以颜色体现不同群体社会地位的尊卑。所以,我国历代都很重视"彰施",即染色这项技艺,各王朝都设有专门掌管布匹染色的机构,成为当时政权和文化的象征。

1. 王者贵族的鲜艳红色

红色自古被认为是一种高贵的色彩。朱红等色彩鲜艳的精细布料,往往成为帝王贵族制作服装的原料。

红花据说是张骞从西域带来的植物物种,也被叫作红蓝花、黄蓝花等其他名字,是从它的花中提取红色染料。西汉中期开始在中原一带种植,其中的红色素易溶于碱性水中,加酸则可将红花中的色素沉淀出来。所以,用红花染成色的织物,不要再用碱性水洗涤,以免脱色。

茜草是从它的根茎部分来提取红色染料的,染料的颜色为暗紫红色。用这种染料染出的布匹颜色鲜艳,很受欢迎,销路很好。在司马迁的《史记·货殖列传》中,有"千亩卮茜,其人与千户侯等"的内容,说明汉朝时有专门栽植茜草并大发其财的人。

红花　　　　　　　　　　　　茜草

苏木是一种热带乔木，其木材中含有一种"巴西苏木素"的物质，本身无色，但被空气氧化后，会生成一种紫红的色素，可作为染料。最早见于唐朝书籍的记载，原名叫"苏枋木"，据说是从越南湄公河口外引进的，今越南河内、清化一带也有。由于苏木中还含有鞣酸，所以用苏木水染色后，再加以绿矾水（硫酸亚铁溶液），就会生成鞣酸铁，是黑色沉淀色料，使整体颜色变成深黑红色。

紫草是我国古代紫色织染的重要原料，它是多年生的草本植物，在我国南北方野草丛中都能找到，花紫、根紫，从紫草的根、茎部可提取出紫色染料。汉朝《神农本草经》就提到，有茈草、紫丹、地血等别名。

苏木、紫草

2. 皇家专属的高贵黄色

黄栌

黄色也被认为是一种很高贵的颜色，特别是在中国封建社会，更被认为是皇家的专属颜色。

黄栌是一种落叶乔木，从其木材中可浸渍出一种黄色染料。在我国最早的药材典籍《神农本草经》中，黄栌木被列为药材。唐朝后，多用于织物染色的原料。

黄栌的另一个名称叫黄柏，其木材和树皮都可浸出黄色染料，但应用不算广泛。这种黄色染料与靛青套染，会出现草绿色。我国古代更多用它染纸，制成"防蠹纸"，防虫蛀效果非常好。

栀子的名字很多，如黄栀子、枝子、支子、木丹、越桃等。其椭圆形的果实可做药材使用，也可从果实中浸取出黄色染料。因其白色花朵芳香美丽，也常作为庭园观赏植物。李时珍《本草纲目》中记载，有一种红花栀子，以其果实染物可成赭红色。

栀子

槐是一种落叶乔木，我国常见一种树木。槐花尚未盛开时，其花蕾通称"槐米"。槐米形状像米粒，用火炒过，再用水煎熬，浸出的汁液染布颜色非常鲜艳。

3. 布衣百姓的大众蓝色

在中国古代，蓝色往往属于平民百姓的大众颜色，所以古代蓝色染料的用量也很大。这类染料来自专有的草本植物，其中蓝草是从古至今最著名的蓝色染料的原料植物。明朝技术专家宋应星在其著作《天工开物》中记述，蓝草有五种：茶蓝、蓼蓝、马蓝、吴蓝、苋蓝。在蓝草的叶子中含有一种色素，现代学名叫"蓝甙（dài）"，在水浸时逐步水解，生成一种可溶性的无色物质，当染于织物上后，再通过日晒和空气氧化，就生成"蓝靛"色素。由于是在前面这几种条件下产生的，所以这种染料色泽稳定，非常耐水洗、日晒和受热，自古很受平民阶层欢迎，长期作为大面积种植的农业经济作物。

蓝草

4. 顺随潮流的复杂黑色

中国古代不同时期，由于文化观念的不同，对黑色的文化定位也不同，秦朝比较尊崇黑色，衣服、旄旌、节旗多用黑色；曹魏和西晋时期也比较崇尚黑色，当时的南京（即建康）城有条秦淮河，河的南面有个乌衣巷，据说那里的贵族子弟都穿黑色绸衣。但到东晋之后以及唐朝，观念突变，以黑色为低下，黑衣成为平民百姓和官府差役等社会下层的代表性颜色。

在古代，黑色染料主要以植物的树皮、果实外皮、虫瘿等为原料，例如五倍子壳、胡桃青皮、栗子青皮、栎树皮、莲子皮、桦果等，其成分口感发涩，主要是含鞣质（又名单宁酸、鞣酸）的物质。它们的水浸取液与绿矾（硫酸亚铁）溶液配合，便生成鞣酸亚铁，上染后经日晒氧化，便在织物上生成稳定性很好的黑色沉淀色料。

五倍子壳　　　　　　　　　　　　　胡桃青皮

5. 染料加工与染前处理

在古代，随着染料生产和使用的不断扩大，又逐渐兴起了一个染料生产的分支领域，是处于染料原料和染料使用的中间环节，即染料加工行业。

因为植物的浸取液虽然都可以直接浸染纺织物，但如果临到用时才来采集，会遇到以下问题：一是当地未必有这种资源；二是即使有但季节也未必合适；三是临时收集、运输大量植物茎叶原料也很不方便；四是某些植物浸取液往往是几种色素的混合物，未经纯化直接使用，则染出的织物颜色也往往面带杂色。所以，这就需要染工大量采集植物原料后，预先对原料进行处理，对有效成分提取后做纯化处理，再制成大量的染料成品，然后销往各地。这样便出现了古代的染料化学工艺。

例如蓝草的化学加工，在北魏贾思勰的著作《齐民要术》和明朝宋应星的《天工开物》中记载，是把大量蓝草的叶和茎放在大缸或桶中，以木、石压住，用水浸

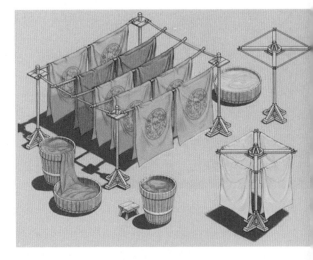

色料的晾晒处理

泡数日，使蓝草中的"蓝甙"成分水解并溶出成浆。每水浆一石，下石灰水五升，或按比例加石灰粉，使溶液呈碱性，促进无色的靛白成分尽快被空气氧化，生成蓝色"靛青"，并沉淀下来，沉淀过滤后晾干即为染料成品，可贩运到各地。

沉淀下来的粉状"靛青"由于不溶于水，是不能直接染色的，使用时，需将靛青投入染缸，加入酒糟，通过发酵，使它再还原成原来的靛白，然后重新溶解，溶解物浸入织物，再氧化生成蓝色"靛青"，即完成染色工序了。我国"靛青"制作和染色的化学工艺，大约在春秋战国时期已经发明。虽然，古代先人们并不理解这类过程中蕴含的化学原理，但通过技术实践探索，发现这种染料化学工艺的有效性，也确实难能可贵。

6. 酸碱控制的色素分离

在《天工开物》还有这样的染色工艺记载，即在红色染料使用中，原料红花的水浸取液中，除红色素，即红花甙外，还含有红花的黄色素，若直接染色，出来的色调往往含杂而不够鲜艳纯正。所以，我国古代的

调制色料

染工会先用草木灰水（含碱性的碳酸钾）或天然碱水（即碳酸纳的溶液），首先浸取出红、黄两种色素。再利用这两种色素在酸性溶液中的性质差异，往染料液中加入酸性的乌梅水，红色素沉淀出来了，而绝大部分黄色素却留在溶液中。这样对沉淀出红色素的碱溶解和酸沉淀再进行反复几次，其中的黄色素杂质就可除尽，得到纯净的红色素，并制成红花饼，阴干后储存。这种红花饼可将织物染成大红色，色泽纯正艳丽，用来染纸效果极好。

7. 染色过程的化学原理

人们简单地认为，染色过程似乎就是使染料被吸附在织物纤维上的过程。其实，还有一些染色过程并不如此简单，它们在染料吸附于织物纤维后，还要伴随着后续发生的化学反应。例如用黄栌水染黄，往往在织物着色后，再用碱性草木灰水漂洗，可使织物普通黄色变为金黄色。因为黄栌染料中的硫黄菊素具有酸碱指示剂的性质，酸碱度不同，呈色效果就不同，在碱性介质中其黄色会显得格外鲜亮。

再如染黑，在周朝我国已知道利用绿矾（硫酸亚铁）染黑，就是通过它与鞣酸物质生成黑色的鞣酸铁沉淀色料。这项工艺本质上是地地道

绿矾 明矾

道的化学染色，它是伴随着溶液对纤维浸润过程的生成性染色，是黑色料与织物纤维从内到外的深层结合，相比于木炭粉的浮染抹黑，面对日晒和水洗，都能表现出很好的牢固度。

另外，在汉朝时，用类似于绿矾的作用，我国染工已利用明矾为媒染剂。由于像青蒿灰、柃木灰中都含有一些铝盐，唐朝有用它们代替明矾作染色促进剂的记载，即在浸染以后，再用这些铝盐的溶液浸泡。

用现代的科学眼光看，铝盐的水解产物是氢氧化铝，是吸附力很强的胶体物质，酸性染料（例如茜素）遇到这种胶体后，在织物纤维上形成胶体包裹的色素沉淀色料，黏附力很强，牢牢地固定在织物纤维上，实质上这也是用一种化学过程提高染色效果的工艺。

染色门类与漂洗技术

在前面染料部分，我们也提到染色的基本工艺，即所谓的"浸染"，就是把净化处理后的纤维或织物，浸泡在染缸的染料液中，经过一段时间，在确认织物颜色不再变色后取出晾干，即完成染色。但由于天然染料的现成品种有限，浸染出的颜色种类也并不丰富，有些颜色自然缺档。比如，自然界中很难找到染色后色值稳定的绿色染料，染绿就发生了困难。所以，在古代服装多彩色调的逐步发展中，我国色染技术也经历了一个由简单到复杂，由低级到高级的过程。

I. 套彩变幻的原理工艺

在以往"浸染"工艺的基础上，又发展出了"套染"工艺。套染是按步骤把染物在几种染料上依次着色，不同染料的结合就可以产生出新的颜色，这些颜色是自然染料所不具备的。例如先以黄柏的黄色，再以靛青的蓝色，就可以得到草绿色；以茜草的红色，再以明矾进行弱酸度调节，茜草的颜色就会由桃红色转为猩红色；以茜草的红色，再以靛青蓝色，就可以染出紫色来。或以同一染料在不同时间、用不同浓度多次浸染，得到有深浅颜色的不同品种。

套染

商周时期，我国已逐步掌握了上述染色技术。战国时，齐人的工程著作《考工记》中就描述过红色套染的过程：第一次染为淡红色，第二次染为浅红色，第三次染为洋红色，第四次增加黑色套染，第五次染为深青透红色，第六、七次后为黑色。出现了同一大类或不同类别中，不同颜色梯度和色调意蕴的织物。例如，湖南长沙马王堆汉朝墓穴中出土的染色织物，就有绛、大红、黄、杏黄、褐、翠蓝、湖蓝、宝蓝、叶绿、油绿、绛紫、茄紫、藕荷、古铜等色的20余种色调。可见，当时的套染工艺已达到较高的水平。

套染的色彩效果

新疆吐鲁番地区出土的唐朝丝织物，也有24种色调，其中红色有银红、水红、绛红、猩红、绛紫，黄色有鹅黄、菊黄、金黄、杏黄、土黄、茶褐，青蓝色有蛋青、翠蓝、天青、宝蓝、赤青、藏青等。显然，天然染料不具备如此多的数量，如此丰富的色调都是由套染技术实现的，说明我国套染技术从汉到唐已发展得很成熟。

宋朝是一个讲究品位的朝代，京都开封府染紫方面十分讲究，先染青蓝色，再经过紫草或红花套染，得到一种"油紫"，即深藕荷色，非常漂亮。

2. 敷彩印花与蜡染工艺

早在春秋战国时，人们便开始研究多种敷彩、印花的色染工艺，使服装更加华丽多彩。

敷彩技术在西汉已很高超，它是在丝织品上以矿物颜料上色的一种工艺。马王堆汉墓中的绫纹罗绵袍不是用染料呈色，而是用朱砂矿物颜料赋予的红色花纹，鲜亮美观。

汉朝的凸版印花技术也已相当成熟，马王堆汉墓的金银多色合成的花

敷彩工艺

纱，竟是用三块凸版顺次套印的，线条层次清晰美观，体现了印花技术的复杂和高超。

蜡染技术发明于秦汉之际的西南少数民族地区。它是利用蜂蜡或白虫蜡作为防染剂。先用熔化的液蜡在丝织物、棉麻布上描绘出花卉图案，然后浸入靛缸染蓝。蓝色稳定后，再将织物水煮脱蜡，脱蜡的地方未着色呈现白色，和染蓝的部分形成蓝底白花的图案，风格独特，层次分明，朴实高雅，具有浓郁的民族特色。

印花   蜡染

3. 洗涤之后的漂洗工艺

漂洗工艺是与印染工艺前后衔接、关系密切的一种技术。中国古代漂洗工艺也像染印工艺一样有很多别具特色、值得称道的创造发明。

用生丝最初织造的丝帛是不能上色的，因为表面有一层丝胶。为了解决这一问题，就要对生丝做脱胶处理；棉麻纺线织布时，为使其表面润滑不起毛，要做油浸处理。随后，在染色之前，也需要对棉麻纤维的表面进行漂洗脱脂。

战国时齐人的《考工记》中记载，大约在周朝时，人们就已经利用碱性的草木灰水使生丝脱胶。还用含碳酸钾数量更多的楝树木灰与能烧成石灰的煅蜃蛤灰加水所调成的浆，这样碳酸钾与石灰反应生成碱性极强的氢氧化钾，这种溶液使绸子的原布脱胶，然后在烈日下曝晒。如此夜晚浸泡、白天晾晒循环反复七次，当时被称为"曝练"。在这个浸泡漂洗过程中，除脱胶脱脂外，还可使丝麻纤维得到一定程度的漂白和柔化。

漂洗工艺

4. 影响质量的漂洗用料

漂洗用料主要是洗涤剂，它在织物漂洗工艺中发挥着重要作用。中国古代曾发明了许多洗涤剂。当然最早的是上面提到的草木灰。起初，草木灰还作为医药，由于其含碳酸钾成分多，唐朝时人们已知道它碱性苛烈，洗涤效果尤佳。

汉朝的药学典籍《神农本草经》时，提到了其中的一种"卤碱"，指出就是盐碱地上生出的天然碱，即碳酸钠。所以在汉朝时，我国已

皂荚

区分了草木灰和天然碱这两种性质相似的可溶性碳酸盐。但因卤碱多产于内陆，地点也有限，需要长途运输，所以取得草木灰比得到天然碱更容易，使用也更普遍。

豆科植物皂荚，在唐朝时人们已发现它的果实经水浸泡后，能生成丰富的泡沫，具有很好的去污性能，随后成为民众常用的洗涤剂。这是因为皂荚果实中含有一种"皂甙"的物质，细腻爽滑，起泡能力很强。又因它非碱非酸显中性，对丝、毛织物无腐蚀性，也无染料作用，能保持染物颜色鲜艳，这些都优于肥皂。

现在已知有 700 多种以上的植物中均含有皂甙，但去垢能力有差别。明朝著名医学家李时珍的《本草纲目》中提到，将皂荚加工制成"肥皂荚"，效果更好，其做法是：十月采荚，煮熟捣烂，与面粉和酵料搅拌做成丸状，可用于洗澡、洗脸，而润滑细腻程度好于原初的皂荚。

5. 胰子俗称的来历原委

胰子皂

"胰子"是我国部分地区对肥皂的俗称。古代不会像现代用油脂和碱生产肥皂，却知道用猪的胰脏去污，胰子是用猪的胰脏为原料。北魏时已记述过猪胰可以去垢。因为动物的胰腺含有多种消化酶，可以分解脂肪、淀粉和蛋白质，所以具有较好的去污垢的能力。

在清朝末年时，仅北京一地就有70多家胰子店，其中"合香楼""花汉冲"就是著名的胰子店。清朝文学作品里，就提到桂花胰子、玫瑰胰子等品牌。所以胰子成为清朝中国老百姓的生活必需品。直到20世纪50年代后，由于胰脏中的胰岛素和胰酶都是医药的重要原料，所以胰子逐渐被国外传来的化学制品取代，如碱和油脂制作的肥皂，还有化工厂生产的合成洗涤剂。19世纪末在上海兴办了第一家肥皂厂。所以，我国生产肥皂至今才有百年多的历史。

我国现在有些地区还沿用它，特别是在冬季使用，猪胰分解了脂肪后，还会生出甘油，又可滋润皮肤。明朝时，胰子的成分是猪胰、砂糖、天然碱、猪脂。其制作方法是：先将新鲜的猪胰与砂糖一起研磨成浆糊状，加入少许天然碱及水，搅拌均匀，再注入熔化的猪油，并不断用力搅拌、研磨，最后揉成球状或者块状，晾干后即成。

我国古代固有的"胰子"与现在的肥皂还不是一码事。在制胰的研磨过程中，胰中的消化酶被砂糖挤了出来，使猪脂水解转化为脂肪酸和甘油；脂肪酸又与碱性的碳酸钠变为肥皂，所以胰子具有多种去垢能力，而且对皮肤还有滋润性，尤其适于在北方干旱地区的冬季使用；由于能分解脂肪、淀粉和蛋白质，胰子还适合洗涤奶迹、蛋迹、血迹等蛋白污垢，是具有广谱去污功能和保养作用的高质量洗涤用品。

七、君臣佐使的主味——食盐甘糖

　　君臣佐使，原指君主、文武官员、辅助别人的人、奉命办事的人。他们在一个国家的机构中分别起着不同的作用。后来也用这一词汇比喻中医处方中各味药因性质不同而所起到的不同作用。在平时饮食的各种味道中，咸甜无疑是我们接触最多的味道，也是味料使用量最多的物质，这就是从古至今人们使用的食盐和食糖。

第一主味的食盐晶体

　　在人们的生活中，更多地认为食盐（即氯化钠）是一种食品调味剂。其实，食盐也是人类生长和发育中不可或缺的无机盐类营养物质。原始社会时期，人类乐于食盐的味道，但不会主动获取这种资源，而只是无意识地通过啖肉饮血的渔猎活动，从动物的血肉中摄取到食盐成分。原始农业发展起来后，有很多地区人群的饮食逐步从肉食转为粮食，久而久之，无论是口味的需要还是身体的需求，都需要寻找食盐新的来源。

原始狩猎　　　　　　　　　　　　　　　　原始农业

那么，古代的先民找到了哪些食盐的来源途径？他们又是怎样把自然界的原盐加工成人们可以食用的"食盐"呢？

1. 食盐来源与资源开发

食盐主要还是存在于地球大陆的岩石和土壤中，经雨水冲刷溶解，随溪流、江河等汇入大海；海水又被蒸发浓缩，经过亿万年的积累，海洋便成为食盐最丰富的"仓库"。据估计，海洋中含有100多万亿吨氯化钠，这就是取之不尽、用之不竭的海盐，也是我们现代食盐最主要的获取途径。

海盐生产

除此之外，食盐在自然界的存在还有很多种形式。当地面河水流入湖里，像大海一样日积月累地蒸发浓缩，湖底和湖岸就会凝结出大量食盐，这就是湖盐或叫池盐。

湖盐和海盐长时间会有大量的堆积，当遇到地壳变动时，这些地表的盐又可能被埋入地下，

湖盐

岩盐

形成一定厚度像岩石一样的盐块层，这就是岩盐。

岩盐经地表水冲入地下水脉，人们在水脉上凿井取水时，就可能得到盐水，煮盐水（也称作熬卤）就可得到食盐颗粒，这就是井盐。

海盐、池盐、岩盐、井盐都是食盐的不同存在形式，不同地域的人们从很早就会以不同的渠道发现并获取这些食盐。据推测从新石器时代的中、后期，原始农业规模化发展起来后，这些不同的天然食盐便逐步进入了人类的生活。

但无论哪种天然原盐，与我们能够食用的食盐相比，还有明显的不同。食用盐是比较纯净的氯化钠晶体，而原盐中都不同程度地混有很多杂质，除了显而易见的泥沙外，还含有镁、钙、钾的氯化盐和硫酸盐两个大类。特别是氯化镁、硫酸镁的存在，容易使食盐吸水受潮，吃起来味道苦涩，食后还能引起腹泻，不适合直接拿来做食用盐。

井盐生产作坊

所以，确切地说是食用盐的加工技术，就是先从海水、盐湖水、井盐水中提取食盐固体，并除杂纯化得到纯净食盐的过程，也形成了我国古代的食盐生产和加工工艺。

2. 国家盐政与食盐经济

先秦古籍《世本》记："黄帝时，诸侯有夙沙氏，始以海水煮乳，煎成盐。其色有青、黄、白、黑、紫五样。"记述了史前炎黄时期已有煎煮海水制盐的技术，但海区产地不同，盐的色泽也呈现五种颜色。《尚书·禹贡》记载大禹时期的夏朝初期，山东渤海沿岸及泰山一带已盛产海盐并向朝廷缴纳。

盐的消耗量在春秋时期已相当大了，国家也有了专门生产盐的产业，也开始设置管理盐务的官员，并开始盐税的征收，此后由于食盐涉及千家万户，盐税也成了国库比较稳定的大宗收入。

海边建池晒盐是人们比较熟悉的，是使用较早的一种方式。但由于古代运输不便或成本较高，不同地区的人们也因地制宜，根据自己区域不同的盐资源进行产业开发。山西运城附近的河东盐池非常著名，也是因在黄河东边。宋朝时该地归属解州，所以又叫解州盐池。此地从盐池采盐很早就开始了，《战国策》中就有运盐马车攀登太行山时艰难行进的文字描述，就是指这个地区的盐业贸易。

古代盐政衙门

属于盆地的巴蜀地区，古代运输极为不便。又由于岩盐水溶缘故，会出现海拔高度较低的咸质水脉，凿井取水时就会发现盐井，成为我国井盐的发源地。蜀地开采井盐大约创始于战国时期，四川自贡一带称为中国古代盐都，是我国当时井盐开采技术的研发中心。李冰是战国时期著名的水利专家。据推测是他带领巴蜀百姓修筑都江堰工程时，发现了当地的地下盐卤水源。

当时，秦国占据蜀地后，由大量移民带来了外地先进的手工业技术，包括中原地区的凿井技术；同时人口也迅速增加，也需更多的食盐供应。基于此，李冰带领人们开凿井盐，既富国利民，又推动井盐技术的发展，这项工程可比肩他的水利贡献。

到南北朝时，各种渠道的食盐产业也百花齐放。医药学家、炼丹家陶弘景（452—536）在其著作《本草经集注》中，对北海、东海、南海的海盐，山西的河东盐池，巴蜀地区的盐井，陕西四川一带的岩盐等都做了描述。北宋学者沈括在名著《梦溪笔谈》中更翔实地记述了当时各类食盐产业区的分布情况。

3. 熬波煮海与淋沙煎卤

我国古代先民熬煮海盐的活动，肇始于炎黄原始农耕文明的时代。海水中的食盐含量27克／千克海水，但食盐浓度要在30℃时含量超过265克／千克海水时才能结晶；若直接煮盐，效率很低。我国沿海地区当时的生产方法由淋沙制卤、煮卤成盐分两步进行。那时，晒盐还没有出现，这种工艺一直延续到明朝，这是北宋学

《四库全书》中熬波煮海

者苏颂在《图经本草》中的记载。

在海边，若地势较高的地区，可利用高地优势，平摊一定厚度的野草，将饱吸盐分并晒干的海沙刮下来，堆积在草上，高约两尺，一丈见方，野草下有暗沟。用舀来的海水冲洗堆积的海沙，溶出的浓缩海水即卤水，经过各暗沟汇入被称为卤井的深坑中。铺垫的野草起到过滤泥沙的作用。

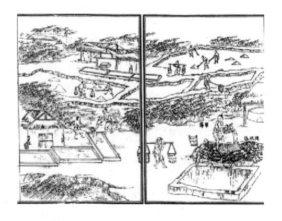

淋沙煎卤

以上方法得到的卤水，在煎煮前，要先估测一下盐的浓度，如果太稀，消耗燃料很多，经济上不划算，需要再度选用干净的沙子浸沙去水。浸沙的目的是利用砂石颗粒表面较大的蒸发面积，提高水分蒸发的速度，同时也便于盐颗粒在砂石表面的凝结。

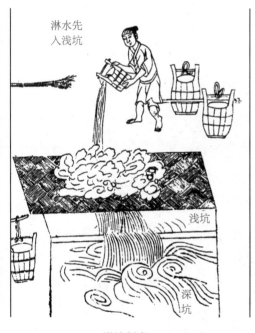

淋水先入浅坑

浅坑

深坑

淋沙制卤

我国宋朝时，已有了该类原始的测试方法，相似于现代"浮沉子法"。位于东海的福建地区，古代曾用鸡蛋、桃仁来测试卤水的比重，能使之上浮的，是上好的浓卤水。用10枚比重不同的石莲（即沉于池泥中的老莲子），能使10枚全浮者为上等卤水；上浮一半者，勉强可煎煮；仅一二枚上浮的，就不能使用了。

我国元明时期，人们又发现稻麦秆燃烧后的木灰对海盐有强烈吸附的作用，且强于海沙，于是很快便普及起来了。明朝人宋应星《天工开物》中有翔实记载。这种制卤法也因海滨地势的高低，分为两种方法。

布灰种盐

地势高的地方：海水不浸没，地表可产盐。选择早晨无雨的天气，将提前制作的稻麦秆灰铺于有海滨盐的沙滩上，平整均匀并压实。第二天上午雾气冲腾时，下面砂石中的盐分向上转移聚集于稻麦秆灰中。晴朗的中午，将灰和盐的混合物一并扫起，用海水冲淋成含灰卤水，将其中的稻麦秆灰过滤掉后，再将卤水煎熬成盐。这样，草木灰仍能反复使用。

地势低的地方：潮水可浸没。可先烧草为灰，铺于沙滩上，让海水浸渍海沙上面的草灰，等盐的结晶泛白时，将浸渍盐分的草灰扫起来，用海水淋洗成卤水，再煎熬成盐。

当卤水达到足够浓度后，就可以煎熬卤水制备海盐了。煎卤的锅，汉朝叫"牢盆"，宋朝以后称作"盐盘"。

煮盐的锅有两类：一种是用生铁铸造的，耐用但成本高；另一种是竹编的，内外用海边牡蛎的贝壳烧成生石灰，再厚厚地涂在上面，使之耐烧烤，个头很大，虽不耐使用，但便于就地取材，成本低廉。

现在江苏泰州一带的盐户，他们用将皂角溶于盐锅内的方法来絮凝富集食盐的散晶，以利于食盐从水中结晶析出和微小晶体盐的生成。皂角是豆科植物皂荚的种子，这类种子的粉末拌入水

用海卤水煎煮海盐

中能产生大量泡沫，泡沫能很好吸附食盐小晶粒，使它们凝聚起来。

明朝宋应星的《天工开物》对这种方法有了很详细的描述："煎熬卤水但尚未结出食盐晶体时，将皂角种子捣碎，与粟米、糖搅拌在一起，卤水沸腾时，将它们的拌和物投入沸水中并搅拌，盐晶瞬间就析出了，用皂角来析出食盐，就像卤水点豆腐一样。"这确实能成为我国古代海盐生产工艺中一项有趣的发明。

在卤水熬煮产盐的过程中，随着卤水渐渐浓厚，会不断析出食盐晶粒。这时会有两种方法：一种是把卤水完全烧干；另一种是边煮边将析出的盐晶捞出，再填加新的卤水，再煮再捞。这两种方法相比较，在元朝陈椿的盐场技术书籍《熬波图》中评价：后一种方法能连续不断地产出食盐，比烧干后逐锅出盐，明显省工省力。也就是说，用连续操作出盐法比较经济，效率也高。

通过海水储池用晒制法生产海盐，相对于煎熬的方法，在我国出现得比较晚，大约在元朝时开始出现在福建一带。可能是受内陆山西解州地区盐池晒制产盐的经验，明朝时，更大范围普及了晒盐的方法，当然这也不是蒸晒原始海水，而是先用海水冲洗原盐颗粒，预制成一定浓度的卤水，然后再通过光晒浓缩卤水产生食盐结晶。

明朝中期的正德、嘉靖年间，河北沧州一代兴建了长芦盐场，有了与现代海盐晒制法基本相似的完全晒盐法，由于省去了淋洗制卤，直接煎煮海水成盐，省工省力，节省燃料时间，产盐效率高，所以该盐场迅速发展起来，并很快成为海盐生产的范式和产业中心。

从这个时期一直到民国初，我国海滩晒盐的工艺步骤大致为：（1）在海滨预先挖好水沟，等待海水涨潮时涌入；（2）在水沟的两侧，建造由高到低阶梯状的若干晒池；（3）涨潮时，海水灌满沟渠，退潮后将沟中灌满的海水引入最高一层晒池，曝晒浓缩后，再引入低一层的晒池；（4）如此延续一直放到最低池；（5）向下放水的时机是由石莲子等估测卤水浓度决定的；（6）成浓卤后，晴天曝晒，颗粒盐就得到了。

海滩晒盐

当然，到清朝初年，这种方法还融合了西方传教士带来的意大利西西里岛人中世纪后期创造的"天日风力晒盐法"，从辽东、长芦向各地推广，从此用海水直接晒盐的方法完全取代"煎煮海卤"制盐的方法了。

4. 集工采捞与垦畦浇晒

我国地域辽阔，在古代，交通不便，北海、东海、南海等海域虽然富产食盐，但大批量贩运到内地，会极大地提高食盐成本，反而抑制了这类低价物品的销售。所以在我国西部内陆和北部干旱、半干旱地区只要有其他形式盐业资源的，也因地制宜进行开发生产，这就是池盐的生产。池盐的生产地区大约分布在西起新疆、藏北部，沿黄河流域向东的还有青海、甘肃、陕西、宁夏、内蒙古、山西，以及东北地区的吉林和黑龙江等地。其中最典型的是山西古安邑地区，即今运城附近解州的解池最为著名。

运城解池的盐业生产起于原始社会后期，即采捞卤水中自然结晶析出的食盐，无更多的技术难度。一直到汉朝初期，盐湖的这种生产方式基本没变，只是人数增多，生产规模加大而已，解盐仍属于天然石盐。

但解池的卤水是食盐（氯化钠）和氯化镁、硫酸钠、硫酸镁的混合溶液，因氯化钠的溶解度比其他三种成分要小，所以当水分蒸发时，食盐就会先行结晶出来。但随着氯化钠的不断结晶和不断被"集工采捞"，卤水中盐量不断下降，依靠自然结晶产出的食盐就越来越少。

集工采捞的场面

垦畦浇晒

后来，随着这些地区人口的不断增加，食盐的需要量也在不断增长，于是，后来的盐民开始尝试在地面划块挖池晒盐的方法，即垦畦浇晒。这种方法始于我国春秋时期，作为食盐"集工捞采"的并行和辅助方法。

从春秋到唐朝，垦畦浇晒的畦盐生产方式得到普及推广，达到了兴盛时期。这种人工垦地建设畦池，约一尺深，将经雨水适当稀释的原池盐水引入畦内，再靠风吹日晒蒸发浓缩五六天，卤水中的食盐单独结晶析出，即可得到晒制的食盐，池盐产量猛增，食盐品质也好。

到宋朝，古籍中对这种制盐法有了进一步生动的描述。利用这种方法提取池盐后，经过多次晒盐、捞盐，剩余的卤水中，硫酸钠、硫酸镁等的浓度将会不断增加，也会析出结晶。长此以往，会使盐畦地表出现一层厚厚的硫酸钠、硫酸镁的单独或复合结晶体，白花花的一片，称之为"硝板"。

经过不断改进，到明朝李时珍在《本草纲目》中对制盐的描述就有所不同了。一是将宋朝用耕地建畦作为晒盐场，改为远离已析出铺满硝板的湖边地作为晒盐池，即减少硫酸钠、硫酸镁等杂质引入；二是用南风来使食盐结晶，得到品质好的食用盐。在这里，前者比较好理解，那么为何要利用南风使食盐结晶，这是什么道理呢？这其中还真含有比较深刻的道理。

一般南风为热风，较高温度下，硫酸钠、硫酸镁溶解度大，氯化钠溶解度小，太阳下的热风吹晒后，水分减少，首先析出的就是食盐，可"一夜结成"，这就提高了池盐的产量和质量。

而北风，不论东北风还是西风一般是冷风，会使气温骤降，氯化钠受温度影响不大，而硫酸钠和硫酸镁的溶解度随温度降低而迅速变小，会从晒池的卤水中大量析出，混入食盐晶粒中，破坏了食盐原有的结晶形态和色泽，成为粥样结晶，且味道因镁的存在非常苦涩，不能食用。可见，早期的盐民根据经验，很智慧地掌握了优质食用盐生产的条件选择和时机把握，也为我们日后探寻其中的科学原理提供了实践依据。

5. 凿井汲卤与煎炼成盐

相对于海盐、池盐，井盐就不那么显而易见了，它需要当地具备必要咸水脉的地理条件，并通过这种水脉的寻找，凿井后汲取下面卤水，再通过煎熬卤水才能得到食盐，即"凿井汲卤，煎炼成盐"。

位于四川和重庆的古代巴蜀地区，由于其特有的地下水脉资源，成为我国井盐开采的中心。他们的开采方法是通过凿井获取地下含有氯化钠的天然卤水，或者是固态岩石状的盐块，这里的技术关键是凿井。

战国时期李冰因设计建设成都地区的都江堰水利工程而闻名天下，

展示了其防治水患、开拓灌溉的双重惠民智慧。同时，他还有一个不为更多人知道的业绩，那就是开凿四川广都地区的盐井，这盐井一直使用到宋朝初年，可以说是我国盐井历史发展的开山之作。当时的大口浅井，技术还比较原始，只能开采浅层卤水。凿井主要靠人力，用简单的锸、锄、凿等挖掘工具，井的通道要留出至少一人尺寸的空间进行掘进、运土等劳作，所以盐井口径比较大。

20世纪50年代初，考古专家在四川成都的汉朝砖墓发现了一块画砖，上面清晰描绘了一幅有关井盐场进行生产全景图。图中画有一大口盐井，井架的上方安置了滑车，架上有两两相对的四个盐工正在上下采集卤水，灌入旁边的卤池中。卤水又通过大竹节连接起来的卤水管道翻山越岭输送到灶房。灶房内有储存卤水的大缸。卤水从大缸流入熬盐锅。盐工上山打柴，用木柴熬盐。这表明至少在汉朝井盐生产已经成熟，具有机械化生产水准，生产规模也非常可观。

凿井汲卤

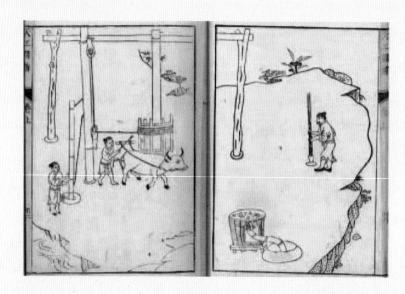

煎炼成盐

凿井汲卤后，就要涉及煮盐。三国时期刘备的蜀国除使用木柴外，也开始利用地下冒出的天然气资源熬制井盐了。到北宋时，是中国社会较为稳定、经济较为繁荣的阶段，随着这一地区人口的快速增长，食盐供应紧张，政府也放松了以往对盐业的官方控制，允许盐民自己开掘盐井。这也促进了自由创新的意识，小口径凿井技术出现，使我国井盐技术从大口径步入了小口径的第二发展阶段。

敞锅熬盐

这一发明大约出现在北宋庆历年间（1041—1048）。卓筒井是小口径盐井，其开凿技艺和开采卤水工艺概括地说，包括三个方面：（1）发明了冲击式的顿钻凿井法，用钻头"圜刀"来开凿井；（2）利用巨竹去节，首尾衔接成套管下入井中，以防止井壁砂石入坠和周围淡水漫入；（3）创造了汲卤筒，即将熟皮装于一段竹筒的底部，构成单向阀，每当竹筒浸入地下卤水中时，卤水便冲顶皮阀上启，而卤水入于筒中。每当提起竹筒时，筒内卤水压迫皮阀关闭而卤水不漏。总之，卓筒井的发明开创了西方冲击式顿钻钻井之先河，被誉为现代"石油钻井之父"。

从汉朝开始，这一地区煮盐用的是"敞锅熬盐"方法，听起来很简单，且一直延续到现在，但其中细节却颇有科学道理，也是难得的经验技术。

"敞锅熬盐"的主要步骤为：

第一步，在煮盐前，先进行黄色卤水与黑色卤水的搭配，这是因为两种卤水中氯化钠的浓度不同，用来调剂浓度；而更重要的原因是，黄卤常含一些有毒性的氯化钡，黑卤中含有较多的硫酸盐。氯化钡和硫酸盐相遇后，可使氯化钡转变为硫酸钡沉淀，从而除掉有毒的氯化钡物质。这属于化学中的沉淀除杂方法。

第二步，当煎煮卤水趋于饱和时，往卤水中点加豆浆，可以使钙、镁、铁等的硫酸盐杂质在豆浆胶体溶液中凝聚起来，通过这种吸附作用，将一些泥沙及悬浮物包藏住，凝聚吸附物还能漂浮于水面，可以用瓢舀出；再经过两三次这种操作，直到沸腾的卤水面干净为止。这属于化学中的胶体除杂方法。

第三步，以上卤水浓缩、澄清后，点加"母子渣盐"，就是在别锅熬出的、结晶状态较好的食盐颗粒加入其中，可以加快浓缩卤水的结晶析出速度。停火用余热慢熬。水面雪花状盐出现，盐即成粒。

第四步，盐工们用澄清了的饱和盐水冲洗。洗去表面的"碱质"，即硫酸镁、氯化镁等，以防潮解又不会溶去盐分。最后得到的精品盐叫作"花盐"，颗粒匀洁白，像梅花、冰片一样。

甘饴享用的早期糖类

在五味当中，"甜"更多给人们精神世界带来的是幸福和满足，特

麦芽糖

蔗糖

别是对孩子们而言更是如此。作为这种味道的物质基础糖类，在满足人类的营养、丰富物质生活、享受幸福等方面，都起着不可或缺的作用。在古代精耕细作农业来临后，食糖生产在经济作物、食品加工、本草医药、手工业发展等方面发挥着重要作用。

在古代，食糖的品种不像现在这样丰富，有产自自然，也有来自人工生产的。我们平时接触最多的糖类主要是蔗糖、麦芽糖、果糖、葡萄糖。在我国古代，食糖主要是饴糖和蔗糖这两类。

饴糖出现较早，它的主要成分是麦芽糖。在麦芽中有淀粉转化酶，它可以使谷物中大的淀粉分子水解变成小很多的麦芽糖分子，而使麦芽有了甜味。作为有意识的人类生产技术，饴糖是人们利用风干的麦芽和谷物来酿造的。它的酿造工艺很像酿酒，但只涉及将淀粉转化为糖，而不涉及将糖继续转化为乙醇，所以比起酿酒要简单。但与酿酒一样，都属于远古时期先民们开创的生物化学的技术工艺。

蔗糖主要来自甘蔗的榨制。现代蔗糖的另一非常重要的生产途径来自甜菜，是 20 世纪初从国外引进的，中国古代只知道甜菜的叶、茎作为蔬菜，却不知道它的根块能制糖。从现代化学观点看，无论是甘蔗还是甜菜的制糖技术中，脱色和结晶都是其化学工艺中关注的重要部分，也是古代化学的重要部分。

1. 谷物酿化的软黏饴糖

在原始农耕发展起来之后，收获的谷物越来越多，但由于尚处于新石器开始阶段，还没有很好的盛放器物和储粮仓库，雨淋受潮的可能性很大，谷物可能会随后发芽。无论出于对饮食卫生的无知，还是对辛勤劳动果实的珍惜，当时的人们舍不得丢弃发芽的谷物，依然取来炊煮食用，这就会有一个重要的发现，即发芽的谷物是带有甜味的，饴香入口，非常享受。当然，如果再食用不完，剩下的部分发酵下去，就可能酿成酒。所以，糖和酒的产生在时间上可能是相近的。

麦芽糖块

由于麦芽糖是谷物淀粉酵化分解的产物，所以，在先人尝到了麦芽糖的美味后，就会逐步总结经验，优选出好的谷芽（古代时叫蘖），保留里面的糖化酵素，风干后磨碎制成"曲"，像发挥酒曲的作用一样，将稻米、大麦、小麦、黄米、高粱、糯米、玉米等煮熟，用"曲"促进这些谷物中淀粉的糖化。再将糖化液过滤、煎熬就得到以麦芽糖为主要成分的糖食了。

这种糖食最初叫作"饴"，意思是谷物酿化而得糖。饴中除麦芽糖外，另一种成分叫作糊精，它是淀粉和糖转化过程的中间产物，分子比淀粉小，比麦芽糖大，从现代化学讲，也属于糖类，但是没有甜味。糊精与麦芽糖混合，软黏饴口，但甜度又不过分强烈，形成了饴糖特有的一种口感风味。

约3000年前的西周时期，甚至殷商时就有了制作饴糖的工艺了。战国

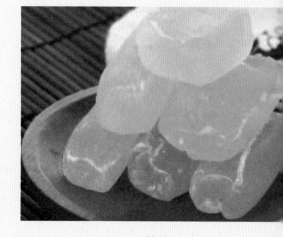

饴糖

时《尚书》中就有"稼穑作甘"，意思就是用耕作收获的谷物做出有甜味（甘）的饴糖。到汉朝，食用麦芽糖的饴糖制品已很普遍了，古籍中已有关于吹管箫沿街叫卖麦芽饴糖小贩的描述，说明它已成为平民的小零食了。

除了市民生活，具体描述饴糖制作工艺的内容出现较晚。最早在东汉时期崔寔所撰写的《四民月令》中提到此事，但只提到：冰冻可制作厚度大的饴糖，而熬煮则制作比较薄的饴糖。

直到南北朝时期，贾思勰在《齐民要术》中才比较翔实地介绍了这种制糖的方法，主要包括制曲和糖汁浓缩两个部分以及当时制造糖化蘖和许多"煮饧"的方法。

关于制曲，内容通俗易懂：农历八月，将小麦浸水湿润后，再将水倒掉，重复多日，小麦种子会萌发，长出的幼根，然后将其放于席子上，每天一次用水淋洗，不再发芽后晾干，收好。用的谷物原料和发芽程度不同，做出来的曲的颜色也不同。

关于用曲转化谷物生糖、用糖液制饴糖，这两步说得也很清楚。若想制取白色的饴糖，方法是：

首先，准备过程。用晾干的白色嫩小麦芽。熬糖的大铁锅一定要干净光洁，不能有油腥气。锅上方加一个缸，去掉缸底，与锅沿衔接，以防止熬糖浆时，因沸腾而溢出。每5份干麦芽可以糖化100份谷物。

其次，谷物糖化。先把米淘洗净煮成饭，再凉到温热，然后放在盆里与麦芽碎末搅和均匀。接着将它们放在底边有孔的瓮中，先塞住瓮底的这个孔。里面的饭要保持蓬松。盖上棉被，保持高温使谷物糖化。冬天需要一天，夏季只要半天，米饭就会变成稀粥状了，说明糖化完成。

最后，熬制饴糖。拔掉瓮底的塞子，放出糖液，在铁锅中用文火煎熬并不断搅拌，防止熬焦。直到煮浓后停火，冷却后就变成硬的饴糖了。用高粱米、小米制成的饴糖洁白且有一定透明度，像白色冰晶，既好吃又好看。

此后，用麦芽糖制作的糖食品种，花样则不断翻新，如后来的东北"关东糖""糖瓜"，南方的某些"芝麻南糖""一窝丝"等都是以麦芽糖为主要原料的特色饴糖。

2. 甘汁提炼的蔗糖结晶

蔗糖是最主要的制糖原料和销售量最大的食用糖类。从原料的来源看，甘蔗含蔗糖量高，制糖工艺简单，产品质量也好。蔗糖的种类有很多种，如白糖、红糖、冰糖和黑糖等。每种糖类的作用和功效也都有所不同，从中医理论讲，食用红糖可以补气补血，调理脾胃虚弱；食用冰糖可以清肺解热；食用白糖可以解毒；黑糖可以加速细胞代谢，补充营养和能量。

我国先民蔗糖的食用比饴糖晚。西汉时，人们已知采用日晒和文火煎熬的方法，把蔗汁中的大部分水去掉，得到浓稠的胶状糖浆，浆液中大部分的微生物也被杀死，能够保存较长的时间了。现在我们把这种胶状糖浆叫作糖稀，古代则称之为蔗饴或蔗。

甘蔗产于我国南方，南方的蔗汁煎熬技术随着人们的探索，也在不断提高，把握在七八十摄氏度，就可使水分充分蒸发而又不会煳焦。当水分含量降到十分之一以下时，冷却后就会凝固成红褐色糖块，古代称作"石蜜"，还不是结晶糖，即达不到砂糖和冰糖的技术要求。汉朝广西南部地区就有这种产品。

到唐朝时，蔗糖生产技术有了很大进步，我们现在食用的红砂糖就出现在这个时期。但客观地讲，这并不是我国自主创生的技术，而是我国通过与西域各国密切来往，学习吸收了当时印度先进的制糖经验而产生的。印度当时的砂糖技术中至少有以下三项是先进的：

一是被称为糖稀的浓稠蔗浆，在结晶前用石灰或草木灰处理。这对蔗糖的结晶非常重要，因为除蔗糖和水分外，蔗汁中还有一些量小但对蔗糖结晶极不利的有机酸，它们会让蔗糖分解成更小分子的葡萄糖、果糖等，这类糖自身不结晶，还会阻碍较大分子的蔗糖结晶。当碱性的"灰"通过中和作用去除这些有机酸，使蔗汁黏度减小，色泽变清亮，有利于蔗糖晶体的析出。

二是不同长度的甘蔗对蔗糖的质量有重要影响。印度人发现，甘蔗苗若长过 2.7 米，就不适合熬糖了；而 2 米多点儿的矮秆甘蔗是能最后制成砂糖的好原料。这一经验对我国后来的原料选择影响很大。

　　三是重视蔗糖中糖蜜的分离技术。糖蜜的主要成分为糖类，甘蔗糖蜜含蔗糖、其他糖以及木糖胶、阿拉伯糖胶和果胶等可溶性胶体，这种糖蜜，又称"糖油"，本身无法结晶，还非常影响砂糖的结晶。而将其去除后，可明显降低蔗糖结晶的难度。

熬制后的蔗糖成型

　　除了小颗粒结晶的砂糖，唐朝的另一重大成就，就是掌握了大块结晶冰糖生产技艺。这个技术首先开始于四川涪江流域遂宁地区。到宋朝时期，冰糖生产迅速发展，相继在福建的福州、浙江的宁波、广东的番禺、四川甘肃两省交界的白水流域出现，但四川遂宁仍不失首要地位。

　　南宋时期的遂宁人王灼在《糖霜谱》中详细记载了这一地区冰糖的源起、工艺、性质、收藏等技术。制造冰糖的工艺为：（1）农历正月初，天冷时，选紫色的嫩杜蔗，煎熬蔗汁，直到黏稠得像饴糖。在瓮中插入薄竹片，将这种黏稠的蔗糖浆灌入瓮中，再用竹席盖上；（2）两天后，糖液中析出细沙般的结晶颗粒。到正月十五，再经过十多天，细沙状变为大颗粒，慢慢长到像豆子大小，逐渐像小山状堆积起来；（3）到农历五月夏季天长，结晶不再增长，及时倒出剩余糖水，将已有的冰糖块晾到干硬，否则一旦进入夏季热伏天，温度很高，冰糖就要化掉；（4）

冰糖很怕阴湿，要特别注意收藏方法：先在大瓮底部铺上一层麦糠皮，皮上放一个竹篓，篓底垫上笋皮，然后放进冰糖，用竹席盖好瓮口。这种冰糖以紫色最好，其次是深琥珀色，黄色更次之。

从唐朝到宋朝，冰糖一直是馈赠亲友的上乘礼品。到了明朝，能够通过脱色生产白砂糖，随后便有了用白砂糖制作洁白晶莹的大块冰糖了。

宋·王灼所撰《霜糖谱》

如何通过脱色生产白砂糖？就必须对结晶前的蔗糖浆进行脱色处理。这项研究始于元朝到明朝的跨越阶段。最早是用鸭蛋清为脱色剂的凝聚澄清法：把少许搅开的鸭蛋清加到甘蔗原汁中，然后加热，利用鸭蛋清中蛋白质胶体的遇热凝聚的作用，将糖液中的有色物质和渣子吸附凝聚，凝聚物上浮后撇去，蔗汁就变得澄清。但这种方法也有其缺点，一是脱色不彻底，二是用鸭蛋清成本高。也只有在制作当时比较贵重的冰糖时才使用。

为解决这个问题，随后我国采用了"黄泥浆脱色法"，成为古代砂糖脱色技术中成就最大、影响最广的经典方法。这项技术经历了偶然发现、自觉运用和改进的过程。

"盖泥法"工艺过程：（1）加热蔗汁，浓缩至黏稠，事先用稻草封住一种瓦钵（称"瓦溜"）的下口，并将浓缩液倒入其中。钵的下部草封处，边渗边干燥，经过两三天后，便被结晶出的砂糖堵塞住了；（2）把瓦钵架在锅或瓮上，糖浆上面用黄泥饼均匀压上。黄泥便逐渐渗入糖浆中，吸附其中各种有色物质。并缓缓下沉到钵的底部，拔出草塞子，泥浆随糖蜜逐滴落入在下面的锅、瓮中；（3）陈化相当一段时间，脱色作用完成，揭去土坯，钵的中上层便出现色泽上等的白糖了，瓦钵底部仍为黑褐色糖。

这种技艺的发明是非常偶然的。据传说，元朝时，福建泉州府南安县有个姓黄的糖匠，在制糖时突遇作坊墙体坍塌，墙上黄土块落到缸中糖浆上。过段时间清理时，把土块除去，缸中上层出现了非常洁白的晶体。于是便得到启示形成最初的方法。

经过后人的不断仿效第一阶段的盖泥法，糖匠们逐步意识到黄泥浆的脱色作用，于是改进、演变成往糖浆中添加黄泥浆，即泥浆脱色法发展的第二阶段。这不仅脱色效果好，更是大大提高了制糖脱色的效率。

下图就是描述这种黄泥浆脱色法，它是《天工开物·甘嗜》所附的插图。

泥浆脱色法制白砂糖

甜菜块根中含糖量可达20％以上。我国古代，甜菜的名字有：恭菜、莙荙菜、牛皮菜等，虽早已栽植和利用甜菜，但主要是食用甜菜肥大的叶子；也常利用它的叶子、种子作为重要原料，但没有意识到甜菜根部能制糖的重要经济价值。随着德、法等国广泛种植并大量生产甜菜糖，到20世纪初，一些俄籍波兰人最早在黑龙江流域试种制糖类甜菜；后来中俄合作在哈尔滨营建了甜菜糖厂，成为我国甜菜糖工业化生产的开端。

八、文明积淀的载体——造纸技术

在网络技术出现之前，自古纸张在人类文化传播中起到了无可替代的作用，所以纸也成为中华古文明中享誉世界的四大发明之一。从原料到纸张，从物质变化的角度，造纸技术的本质就是从原料中分离出纤维素物质，即造纸过程中最关键的成浆步骤，它是一个化学物质的分离过程。化学史中始终将造纸作为化学工艺中非常重要的组成部分。那么，造纸起源于何时？它是经过了怎样的过程发展起来的？又是如何通过怎样的途径传播到世界各地的？

造纸源头的考古实证

追本溯源，人类造纸的源头在哪里？最初，一百多年之前，西方人认为纸是阿拉伯人甚至是欧洲人发明的，而中国人的文化常识里蔡伦是纸的发明者。但是20世纪初，随着考古学的进展，中国大量早期古纸的出土，从时间上使人类造纸的源头逐渐明晰了，中国作为造纸的最初发明地得到全世界的公认。

1. 中国西部的考古实证

1933年，在新疆罗布淖尔汉的古烽燧亭中发现了早期的纸张。这些纸张是白色的，麻质原料，表面不均匀，纸面有麻筋，质地非常粗糙，纸幅约为 4 厘米 × 10 厘米。罗布淖尔汉古纸被认定是西汉中期的古纸，即公元前 100 年左右。

1957 年，在陕西省西安市的灞桥也出土了一批古纸，经分析鉴定，是西汉初期的麻纸，即公元前 200 年左右。这些出土物呈浅褐色，无字迹，纸幅较大者约为 10 厘米 × 10 厘米。这些出土物不是破布、烂麻，而被认定是早期纸张的原因，则是经过普通显微分析而确定的。灞桥纸的原料绝大多数是大麻纤维，还有很少量的是苎麻，在显微镜下观察：纤维十分干净，纤维短细匀整，这是人为切割洗涤的痕迹；并有较粗的纤维束被压劈帚化现象，纤维分散交织，这是纸的典型结构。另外，经成分分析，这种纸中钙、硅的含量远高于土壤、水或原料麻中的钙、硅量。这充分说明它是经过自然纤维原料的化学处理，以及随后的机械压磨处理的产物，它不是布和麻，而是经过加工制成的早期纸张。

汉朝麻纸

1986 年，甘肃省天水市放马滩出土的西汉纸质地图碎片，也是西汉初期的麻纸，但相对于前面两次发现，又出现了纸作为书写和绘画的功能。此纸是汉文帝时期（前179—前141）的产物，外观呈黄色，但出土后风化变为浅褐色，纸质薄软，纸面平整光滑，纸幅 5.6 厘米 ×2.6 厘米，有黑墨绘制的地图。它是迄今所知年代最早的西汉古纸，把造纸术的发明时间提早到我国西汉初年。纸张质量精良，表明我国汉朝初期的造纸术已基本成熟。

2. 改变传统的认识逻辑

关于造纸源头的世界争论。西方人提出的阿拉伯造纸术，其时间相当于我国唐朝时期；欧洲造纸术则更晚，应该是欧洲十字军东征以后，从阿拉伯国家学来的，即相当于中国元朝之后的时间；人们常提到的蔡伦造纸是在东汉中期。所以，中国西汉古纸的系列出土，不但颠覆了西方人对造纸发明源头的观点，同时也改变了中国常识中认为蔡伦发明纸的说法，是以事实为根据的新考古观点。

纺织启示与西汉造纸

1. 早期材料的书写局限

纸张作为一种社会产品，是在人类社会发展的一定阶段，由社会需求和技术逻辑相结合的必然产物，二者缺一不可。远古时期，我国出现了结绳记事的传说，后来逐渐发展到用龟甲、兽骨以及青铜器来记录文字历史。这些材料或被刀

简牍

刻、或被铸造，记录面积有限，记录过程艰难，所以不可能随心所欲，长篇大论。后来又出现了简牍和缣帛作为书写的材料。

简牍是木片或竹片制成的，用细皮条串联起来，卷成一卷，十分笨重，篇幅也不大，写作和阅读都极不便利，有学问的人读几车书也是常事儿。缣帛是

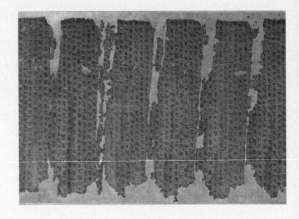

缣帛

丝织品，虽便于书写，其价格却高得惊人：汉朝一匹缣（2.2 汉尺 ×4.0 汉尺）值，需要用六石（720 汉斤）大米来交换，在吃饭都是天大问题的古代，只有少数王公贵族才能谨慎地享受一下，一般人根本无法问津。因此，便捷且廉价的书写材料始终是有史文明以来人们追求的目标。

2. 休养生息与漂絮沤麻

焚书坑儒

当然，造纸术在我国西汉之初发明也绝不是偶然的事情。秦朝灭亡，汉王朝政权建立，汉王朝吸取了秦王朝迅速灭亡的教训，采取了一系列"休养生息"、恢复社会经济文化的政策，并大量修复被秦王朝"焚书坑儒"毁灭的古籍。文化的急速发展，人们愈加感到传统简牍和缣帛使用的不便，寻求新的书写材料便愈成为迫切需要解决的问题，这给新书写材料的出现带来了很好的社

会需求条件。

除社会条件外，造纸技术在西汉时期出现还有一个重要条件，就是技术本身发展的必然结果。最初，造纸技术是在远古纺织技术的基础上得到启示，即涉及早期的丝织和麻织技术。

丝织技术的启示。原始社会后期，我们的先民已开始种桑、养蚕、缫丝、织布。汉朝初期，我国的丝织业已十分发达。造纸术起源于蚕丝工艺中漂絮法。在丝织前，首先要对蚕茧进行分离：好茧用于缫丝织布；次茧难以抽丝，只能制作丝绵。次茧先经水煮，然后放入筐内或席上，浸入水中反复拍打，使丝与丝黏结的胶质脱去，晾干后即成丝绵；而浸泡残液在通过竹席过滤时，会在席面上留下一层薄丝膜，晾干后揭下来就成为最早纸的雏形。这种次茧的漂絮法，有三项技术被造纸借鉴下来：（1）煮茧中的碱液脱胶转化为造纸中碱液制浆；（2）捶打次茧，在造纸中转化为打浆；（3）竹席沥干残丝，转化为中国古代造纸中抄纸成型。

次茧漂絮

中国古代丝织工艺中的练丝法，就是把生丝浸渍在草木灰的碱性水溶液中，然后用蚌壳灰水溶液强化浸泡。蚌壳内含碳酸钙，烧后变成氧化钙，即石灰，因水溶液碱性更强。这种碱性灰水脱胶法给造纸中蚕茧丝纤维、植物纤维的脱胶带来很好的启示。

麻织技术的启示。造纸术从麻类纤维脱胶中获得启示，仍然要从我国原始社会后期用麻类纤维纺织说起。大麻、苎麻是源于我国并很早就广泛应用的原料。利用麻类不能直接纺织，必须先除去麻丝韧皮纤维中所含的胶质，使麻丝纤维一丝丝分离出来。古代是采用长时间浸泡的方法实现的，这种麻类脱胶的技术称为沤麻工序。它是利用水中天然繁殖的某些细菌分泌的果胶酶，慢慢分解麻类韧片中的胶质，达到麻丝之间脱胶的目的。由于自然状态下沤麻时间太长，为提高效率，麻的脱胶后来采用了灰水煮练，这一技术应在西周之前。与丝织中漂絮法相似，麻的脱胶也是用石灰水或草木灰液煮练完成。麻脱胶后，在用竹席过滤时，附着在席面上的麻丝膜也是纸的原始雏形。所以，造纸术中的制浆技术也是在沤麻和煮麻脱胶技术的基础上发展而来的。

沤麻　　　　　　　　　　　　　　　　　　煮麻

3. 纺织启示与西汉造纸

有了以上丝织中的漂絮法和麻织中的沤麻法等作为借鉴，到西汉纺织技术已经十分成熟，当时的造纸技术也水到渠成。由于蚕丝是宝贵的纺织原料，所以，西汉开始的造纸原料主要是麻类。

现代人们通过对古纸的分析，并参考近代手工造纸遗留的技术遗迹，探索了西汉造纸的工艺步骤如下：

第一步，原料的预处理。大块的原料是难以脱胶和抽丝的，所以首先要做的就是将大麻和苎麻原料洗涤、切碎，使之细小化，并除去杂物。

第二步，浸沤工序制浆。原麻中除纤维素外，还有半纤维素、油脂、果胶、木素等。如果原料为破麻布，则是更好的原料，因为麻纺前已经过沤麻，原料中的色素、油脂、果胶、半纤维素已部分除去。木素是一种大分子有机脆性物质，能使纸变色变脆，必须除去。在这个过程中，西汉造纸是利用石灰水除杂获取纸浆。

春捣制浆

第三步，石舂冲击打浆。将制得的含碱性水的纸浆倒入石臼中，用石舂反复舂捣，使其中粗纤维素束分叉、帚化，促使纤维能分散、柔软、匀摊，破坏了粗壮的纤维束，使纤维丝的可塑性增强，也提高了纸的强度。由于经过含钙、含硅的石头舂捣，所以西安灞桥出土纸中钙、硅的含量很高。

第四步，席网逐次抄造。经舂捣后的纸浆反复用清水洗涤，得到棉絮状且很白净的纤维素，再加入到清水中，搅拌制成纸浆，在纸浆的悬浮状态下，用方形或长方形的竹席或丝制网筛制作的纸模一层一层抄纸，因抄纸次数不同可形成厚度不同的纸膜。湿纸经晒干或晾干，从纸膜上揭下就成为可用的纸张。

抄纸

在远古丝织漂絮法和麻织沤麻工序的启发下，从丝麻脱胶技术到造纸术发明，经历了相当长时间的技术探索和演进过程，其中涉及复杂的技术进阶的造纸术，很难说是来自一人的发明，而是一个不断改进和发展的漫长过程。但在西汉的集中出现，也是技术的特有阶段和社会的特有需求共同作用的结果。

蔡伦革新与新纸推广

1. 蔡伦改革与东汉造纸

一个产品能否被社会普遍接受，有两个重要条件：一是产品的使用性能；二是产品的成本价格。纸张的使用也是如此。麻纸的出现相对于过去的缣帛大大降低了成本价格，但是由于初期麻纸的质量低下，特别是脱胶制浆工艺水平低，造成原料麻没有很好地变成纸浆，大量夹杂着麻的原料物质，产品硬脆、松散、纸质不均匀、吸水量或大或小。致使从原初纸的发明到成为最主要书写材料经历了数百年之久。直到东汉时期蔡伦对造纸技术做出重大改进之后，纸才快速地替代简牍和缣帛而成为最主要的书写材料。

东汉时期皇宫内有专用的手工作坊，蔡伦就是主持这项工作的官员，即尚方令。他精于对技术的学习和钻研，特别是造纸技术，利用所掌握的大量人力、物力、财力，对以往传承下来的造纸技术在原料使用、制

蔡伦造纸

作工艺、产品推广等方面做出了重大革新，使纸张作为传统书写的边缘材料、并行材料等转而成为主流材料。

首先，在原料使用方面，蔡伦以旧麻为原料生产麻纸，利用榖（楮）树皮生产榖纸，利用废旧渔网为原料生产网纸。特别是当时树皮比麻类丰富得多，楮皮纸的发明使纸的产量大幅度提高，成为东汉时大量生产使用的一类纸张品种。蔡伦大大拓展了用于纸张生产的纤维材料来源。

其次，蔡伦还改进了造纸工艺的部分环节。因为树皮中的木素、果胶、油脂等杂质远比麻类原料中多，因此，脱胶、制浆难度也增加了。蔡伦工艺改革措施：一是增加脱胶溶液的碱性，从过去的自然浸泡、人工煮

东汉造纸

沸等改为草木灰水、石灰水等较强碱性物质；二是增加了碱性蒸煮和春捣的次数。加入草木灰的石灰水碱性更为适中，既可成浆，又不至于破坏原料纤维素。这种碱性制浆也是现代造纸工艺中碱法制浆的早期形式。从化学发展史看，汉朝时我们的先人就发明了碱液蒸煮制浆，是中华民族在古代科技史上堪称奇迹的发明。蔡伦能够制造出高质量纸张的最关键因素，就在于这种技术对制浆质量和功效做出的重大改进，即造纸中首先采用了碱液蒸煮制浆。

再次，蔡伦对当时造纸技术的推广也做出了重要贡献。尽管西汉出现麻纸，到东汉新纸张又产出，但传统的书写习惯使纸张仍登不了大雅之堂，不少文人学士也鄙弃纸张。而蔡伦却独具慧眼，看到了纸张取代简帛的前途，并组织尚方作坊造纸，不仅扩大了造纸原料，而且改进了造纸工艺技术，提高了纸的产量和质量，从而使纸和造纸技术在朝廷内外广为人知，并于 105 年将一批优良纸进献给汉和帝刘肇，皇帝非常高兴，不但表彰蔡伦的功绩，还于 114 年，封蔡伦"龙亭侯"。后来，人们也把蔡伦领导尚方作坊所造的纸称为"蔡侯纸"。

2. 蔡侯新纸与社会推广

121 年，蔡伦因宫廷斗争服毒自杀，随后继位的汉安帝刘祜削去了蔡伦生前的一切官职和爵位，但"蔡侯纸"之名却一直流传下来。如果不详细了解这一段造纸的技术发展史，很多人都认为蔡伦是纸的发明者。当然，从上面的内容我们也可以看出，蔡伦虽不是造纸术的发明者，但却是一位造纸史上第一位引人注目且最重要的造纸技术改革家、创新者。

在蔡伦献纸之后，造纸技术稳步发展。左伯是第二位造纸技术专家，他造的纸洁白、精细、光滑，质量上乘。历史上笔、墨、纸并举，在汉末文献中，把左伯的纸、张芝的笔、韦诞的墨相提并论，说它们三者齐名，这表明纸已是人们常用的书写材料，而缣帛和竹简已逐渐退居次要地位，但尚未消失。东晋末年，豪族桓玄把持朝政。404 年，他废晋安帝，

左伯造纸

改国号为楚，并下令以纸代简，简牍文书从此逐渐绝迹。纸不仅在民间
通用，而且成为官方文件规定的使用材料。

中国造纸的东渐西传

　　作为四大发明之一的纸，是中华民族在世界上具有独立知识产权的
发明。它不但对我国文化的传承发展和传播光大做出了极为重要的贡献，
也对世界文明的进步产生了重大而深远的影响。

1. 文明古国的书写材料

世界历史上的几个重要文明古国都曾有过自己不同的书写材料。古巴比伦使用的泥版或泥版烧制的书，但非常不便于搬运，容易碰坏、摔碎。古埃及用莎草纵横粘贴的薄片作为书写材料，但日久后会变得松脆易折，不易保存。古印度利用一种贝多树的叶子或树皮书写；古代欧洲除从埃及买进莎草"纸"，还用贵重的羊皮，即在羊皮上书写而成"羊皮卷"。但是，这些记录文字的材料无法同中国的纸张相比。所以，不论是友好的文化交流还是非正常的战争等途径，当纸从中国传到世界其他国家时，迅速被接受并纷纷仿效制造，中国造纸术也逐渐在世界各地传播开来。

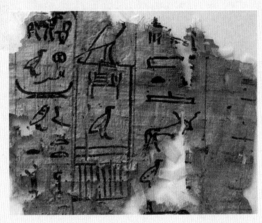

埃及莎草

羊皮卷

2. 东方友邦与造纸东渐

在向外传播的过程，首先是与我国交往密切毗邻的亚洲国家，由于地理位置的便利，纸和造纸技术也较早地传入这些国家和地区。在蔡伦改革造纸术之后不久，2—3 世纪的东汉中后期和三国时代，纸就传到了我国东部的朝鲜和南部的越南地区。4 世纪末，在中国造纸工匠的指导

高丽楮皮纸

帮助下，朝鲜半岛的高丽、新罗等小国掌握了造纸技术，而且，高丽的楮皮纸，特别是桑皮纸质量非常好。西晋时期，越南地区也学会了造纸术。7世纪，造纸技术传入印度，印度也学到了我国的造纸技术。610年，通过高丽人与日本的交往，造纸术通过朝鲜半岛的高丽人间接传授给日本。当然，这一段历史没有作为科技史的主流部分被人们认识。

3. 西域战争与技术西传

在世界范围，在发明造纸术源头争议中，西方人认为阿拉伯人甚至是欧洲人发明造纸术的说法来源的根据是什么呢？唐天宝十年，即751年，唐朝的安西节度使高仙芝部队与阿拉伯帝国的军队在怛逻斯交战，结果高仙芝部大败，许多唐朝士兵被阿拉伯军队俘获，这其中包括一些从军的造纸工匠。正是这些被俘的唐朝造纸工匠，把我国的造纸术传到了阿拉伯的撒马尔罕，并进一步传遍了整个阿拉伯地区。这与西方传说中阿拉伯公元 8 世纪发明造纸术的时间完全吻合。

怛逻斯战役

至于说欧洲人发明造纸术则偏误更大。实际上，这是经过后来阿拉伯国家与欧洲国家的交往中，中国造纸术又间接传入了欧洲。1150 年，阿拉伯人在今西班牙境内建成了欧洲第一个造纸工场。1189 年，造纸术传到了法国。1276 年，意大利也建成了第一家纸场，造纸术又为意大利人掌握。后来的发展过程中，法国和意大利成为欧洲两个重要的纸张输出国。14 世纪初，造纸术从法国传

古代欧洲造纸

到了德国。而造纸术传到英国时已是 15 世纪。16—17 世纪，造纸术遍布了整个欧洲。17 世纪以后，随着欧洲殖民者的海上扩张，又把造纸术带到了美洲。到 19 世纪，中国造纸术已传遍了整个文明地区。

造纸曾经推动了中国古代文明的快速发展，也对近代世界文明做出了巨大贡献。这种优良、轻薄、廉价的文字载体，承载了当时前所未有的高密度信息量，极大地促进了文明传播和社会改革，如：文艺复兴、宗教改革、科学革命和资产阶级革命。这也是中国造纸术对近代西方的科学革命和工业革命做出的划时代贡献。

九、改变战争的模式——黑色火药

黑火药也是中国古代四大科技发明之一，对人类社会的进步产生了巨大的影响。马克思在全面论述中国四大发明的作用时写道："火药、指南针、印刷术——这是预告着资产阶级社会到来的三大发明。火药把骑士阶级炸得粉碎，指南针打开了世界市场并建立殖民地，而印刷术则变成新教的工具，总的来说变成科学复兴的手段，变成对精神发展创造必要前提的最强大杠杆。"火药的出现，彻底改变了世界战争的模式，改变了人们征服自然改造自然的方法，改变了整个世界的面貌。

神农药物的烈性转身

中国民间长期流传的"一硝二黄三木炭"的说法，这实际上是说明古代的火药主要由硝石、硫黄、木炭等三种物质混合加工而成。但为什么命名为"药"？

在2世纪的汉朝，我国最早的药学典籍《神农本草经》中，硝石被列为上品药的第六位。硝石既有天然形成的，又能从自然界的土硝中人工提炼。人们早在二千多年前已利用硝石了。同样，硫黄在这部

《神农本草经》书籍

著作中被列为中品药的第三位，有杀虫灭疫的作用。这两种物质又常被用于古代炼丹制药的实践中。

当这两种药品与木炭混合后，呈黑褐色，药性剧烈，点燃后有剧烈的燃烧甚至爆炸现象，所以人们习惯称它为黑火药。

1. 寻仙问药到自炼丹药

中国封建社会建立，帝王们妄图长命百岁和成就永世霸业。秦始皇时期，开始海上寻仙问药的活动。汉武帝时期，由于寻仙问药的失败，则开始了自炼仙药的活动。他们在宫廷中招募了数以百计的炼丹方士，给予很高的社会地位，提供大量的物力财力，让他们为自己炼制丹药，以求长生不老之术。在封建帝王的积极扶植下，中国炼丹的风气迅速盛行起来。

在炼丹制药活动中，炼丹家们广泛吸取民间积累的有关物质变化的丰富经验，专心致志地进行采药、制药等活动，也获得了这一时期物质和物质间化学变化的较为全面和深层的知识经验，成为古代化学的原始形式。其中对硝石、硫黄等物质探索活动就成为火药发明的基础。

古代炼丹

人们知道了硝石的性质非常活泼，在炼丹活动中，能与许多物质起作用，成为炼丹家们常用的物质，慢慢地对它的性质和制备方法也加深了认识。对于自然界含硝石的物质进行提纯，人们懂得了将粗硝石经过水的溶解、过滤、加热浓缩、再结晶，得到针状晶体，这就是纯度较高的硝石。这些鉴别、加工、提纯的方法，成为硝石制造火药中的关键工艺。

　　硫黄也是我国古代人们在生活和制药中常常接触的化学物质。有的地下泉水中带有硫黄强烈的刺激性气味，同时也认识到它对皮肤病的特别疗效。金属矿的冶炼中也常有二氧化硫气体逸出，有非常刺鼻的气味，并且发现可以将这种刺激性气体收集起来。在南北朝以前，人们使用的硫黄主要是天然获取的。宋朝之后，主要以硫铁矿冶炼中析出的硫黄为主。硫黄也成为炼丹家制取"金液""还丹"的常用药。

2. 伏火实践与火药雏形

　　为了改变某些物质的固有化学性质，中国炼丹家们经常采用一种制伏天然药料的"伏火"的手段。从现代化学的视角审视，这种"伏火"的方法其实蕴含了非常丰富的化学内涵，包含了我国古代积累的许多早期化学成果，其中就有与火药发明有密切关系的内容。

　　古代时期，人们在思考和解释问题时，还不具有较好的科学理性，所以常常是主观和客观思想的混合物。在炼丹术中采用伏火的方法，其目的被解释

硝石

为：（1）在炼制成神丹之前，应先彻底改变某些药物固有的性质，用火制伏其本性，可以促使其变得通灵。雄黄、雌黄、砒霜、硫黄就是伏火法的典型材料。（2）有些药料不耐高温，高温下容易受热挥发，变

硫黄

得无影无踪，炼丹家为了保住这些药物的所谓精华，将它们与"伏火"药物混在一起，再进行火处理，希望使其能变成耐高温物质，遇火不会损失掉，伏火硫黄法就是属于这一类。（3）雄黄、硝石、硫黄、油脂是炼丹中常用的药料，但它们在高温时易燃甚至易爆，当把它们混在一起，置于密封的土灶、土釜中加热，难免会引起火灾甚至爆炸。

以上由炼丹实践导致的认识，为火药的探索推出奠定了较为充分的前期基础。根据古代人们的描述，现代进行的模拟实验证明：这个配方在高温下确实会发生剧烈的燃烧甚至爆炸。所以，为了得到能爆燃、爆炸的物质，炼丹家会采用雄黄、硝石、猪大肠、松脂合炼的方法，这些物质在高温时会分别发生分解、升华、碳化等的变化，而出现硝石、硫黄、炭这类物质，即一硝二黄三木炭，其实就是火药的配方物质，一般配比会出现爆燃，配比合适就会出现更为剧烈的爆炸，这就是火药。

3. 影响因素与火器研发

爆燃、爆炸都可能引起人员伤害，为了防止这种不利的事件出现，古代的炼丹家们也采取了一些防范措施，如对某些易燃物质，特别是硝石等进行"伏火"的预处理，使之不再暴烈而变成"性情温和"的药物。这些消除危害的伏火实验，从另一方面不仅丰富了人们对许多物质化学性

火药爆燃

质的认识,更凸显了对爆燃、爆炸现象的集中研究。其中"伏火硫黄法""伏火萌石法"就是火药发明的实验基础。

以上说明,当时的人们已经认识到硝石、硫黄、木炭三者混合后遇火会发生剧烈的反应,从而采取措施控制并弱化其反应速度,防范爆燃、爆炸。由此可见,使用伏火硝石的目的是减弱硝石的助燃性,避免与雄黄、雌黄、砒黄等含硫的"三黄"物质同炼时而发生爆燃、爆炸等危险事故。此外,中国的炼丹家还用盐等物质来使硝石伏火。

以上充分说明:对硝石用各种材料进行伏火的预处理方法,证明了人们已清楚地认识到物质合炼中发生爆燃、爆炸的主要原因来自硝石的作用。

由此我们可以看到:火药的发明显然来自对爆燃物质和现象的探索研究。即为了预防炼丹过程中出现的爆燃灾祸,在唐朝初期炼丹家已充分认识到硝石、硫黄、雄黄等物质都是引起爆燃的重要成分,其中最关键的物质是硝石。为此,研究了控制这些现象的伏火手段和检验硝石助燃性的技术,并取得了控制爆燃、爆炸反应的方法。

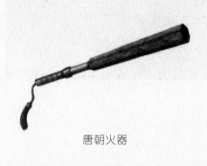

唐朝火器

到唐朝中期,人们已掌握了火药的配方。但只有将复配物质真正运用到军事或其他生产生活领域,才不至于仅是好奇与玩味,而是更大程度上发挥火药的社会实际作用。在古代,由于还没有产生现代"研究—开发—生产"的社会研发模式,所以从开始发现一种自然现象,再到有意识地利用这一现象背后的原理,往往要经过很长的探索过程。

火药从发明到应用,也摆脱不了这一发展过程的模式。从炼丹家对爆燃现象的发现、影响因素的研究以致火药配方的确定和优化;防止爆燃事故的手段方法,以及将爆燃原理应用于军火武器等,经历了一个个实践与认识反复交替的过程。

在火药应用于战争之前,古代已经采用火攻这种战术手段。但那时的火攻武器,是在箭头上附着油脂、松香、硫黄之类的易燃物,点燃后将箭射出去，引燃敌方的帐篷、粮仓和武器库等，杀伤敌方的有生力量，烧毁其军用物资。但这类火器，火力小、燃烧慢、容易扑灭。唐朝出现火药后，随后在我国的五代十国末期和北宋初期，即 10 世纪，中国的战场上已出现了使用火药来取代易燃物质的火药箭、火药炮，威力之大，火力之猛，是过去的火器所无法比拟的。这毫无疑问地证明了中国发明的火药已进入大规模军事应用领域。

火攻

火药火器创新发展

Ⅰ. 燃烧武器之弩箭火球

对过去传统火攻武器的改革，使火药武器显示出了它巨大的战争威力，令人们为之惊奇、刮目相看。当时人们研制的火攻武器——火箭与现在的火箭还有很大的不同，火药并不是弓箭的助推剂。它是将大小不同的火药包捆绑在大小不同的箭杆上，点燃后由弓弩或大型弹射器射出，击中目标再引起燃烧。准确地说这时的火箭实际上是火药弩箭。由于当时的火药配方不够合理，爆燃作用明显，而极少能爆炸，所以更多凸显这种药的火性，而不是炸的功能，还不能制成炸药和发射药，没有现代炸弹、火炮的作用。

10世纪中国军用火药也体现了火药用于武器起始阶段的水平。由于含硝量偏低，含硫量又偏高，添加物又多又杂，火药武器中火炮主要还是纵火器。如做成较大的火药包，用热铁锥插入引燃，随后用抛石机投向敌阵或城池。如果在火药中加入毒性成分制成带火的毒药烟球，不仅可以燃烧，

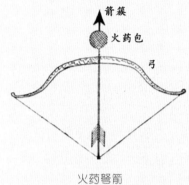

火药弩箭

还可释放毒气。这是最初毒气弹的雏形，破坏力大而很受重视，到了明朝火攻武器中有了更多的品种。后来又有人在火药包中夹带尖钩状的铁蒺藜，燃烧起来的蒺藜火球，能强有力地阻扰、破坏敌方骑兵的进攻。

蒺藜火球

我国10世纪的火药配方和火药武器与近代以来的火药和火器还有本质的差距，但它是以后发明和应用的前期基础。由于新的火药和火药武器对进攻防守能力和战场模式的巨大变革作用，受到了国家层面的高度

重视。到北宋时期，朝廷奖励各种火药武器的研制，并将新的火器成果迅速投入生产和应用。

2. 爆炸武器之火药枪炮

北宋末年以及之后的南宋、辽金元时期，由于战争频繁，也大大推动了火药和火药武器的研制、生产。北宋末年，战场上出现两种新型火药武器：霹雳炮、震天雷。霹雳炮一炸，声如霹雳，火光冲天，杀伤力非常大。北宋末年，当时抗金统帅李纲就是用霹雳炮击退了金兵围攻，保卫了京都汴梁。震天雷是一种铁制火炮，外壳

霹雳炮

用铁铸成，其强度比过去的纸、布、皮等材料大得多，点燃火药后，爆炸形成的发射力就强多了。史书中描述："火药发作声如雷震，热力达半亩之上。人与牛皮皆碎进无迹，甲铁皆透。"

后来汴梁攻破，宋徽宗、宋钦宗被金人掳掠至北国黄龙府，北宋灭亡。到南宋时，与金国、蒙古国的战争更加频繁。火器的使用面更广，人们又发明两种管形火器，即火枪、突火枪。1132年南宋将领坚守德安时，首次在战场使用了火枪。火枪由长竹筒内装填烈性火药，封闭下端。由于体积较大，需二人合持一支。

震天雷

点燃后前端开口处会喷出强烈的火焰，相当于早期的火焰喷射器，能对敌方造成很大的恐怖威胁甚至杀伤力。

南宋时期火药成分及其生产方法，相比于之前已发生了质的变化。比如霹雳炮、震天雷等较之先前的纵火箭和火药包，其性能上有了较大的改进，已具备一定爆炸性能，它们不光是利用火药的燃物性，而更主要是利用火药的爆炸性。这肯定是火药成分的配方发生了明显的变化，火药的质量有较大的改进。在火枪中，特别是突火枪中，使用的火药发射功能，已经比燃烧功能在成分比例和质量等方面有了相应的改进和不同。

从上面纵火箭到突火枪，再到霹雳炮、震天雷，爆炸力、杀生威力已和最初的火药不可相提并论。另外，我们也可从外国史料的间接对比中做出判断。国外多数史学家都承认阿拉伯人的火药、火器是从中国学习引进的，而13世纪的阿拉伯国家兵书中记述的火药成分其比例大致为：硝石、硫黄、木炭的比例分别为7∶1∶2，与中国当时的黑火药成分相近。即中国在12—13世纪火药也应该是这样的配比，否则，霹雳炮、震天雷中的具有爆炸威力的火药从何而来。

3. 古代火箭与火器系列

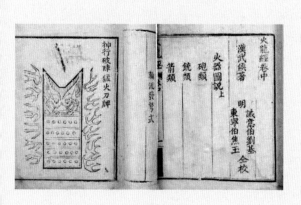

《火龙经》书籍

火药和火器在宋元之际又有了较大的发展。元末明初的火器制造书《火龙经》就能反映出来。书中介绍了神火药、烈火药、飞火药、毒火药、喷火药、爆火药等多达26种火药，还介绍了炮、铳、箭、喷筒等火药武器以及球、禽兽、水具等其他火药武器和杂器等。这时期的火箭已经是真正的火箭，它是利用火药燃烧后的反作用力而作为发射动力的。

中国人发明了火药，也在数百年时间保持了自己火药的世界领先地位。至迟到明朝中叶，中国火药的配方和生产工艺在当时的世界还是领先的。与之相匹配，明朝火药武器在宋元时期快速发展的基础上，也是一派兴旺的景象。这时生产的火器有六类：（1）火箭，即纵火箭，携带火药的弓箭；（2）炸弹，像雏形阶段的燃烧弹、毒气弹、地雷等；（3）喷火筒，火焰喷射器的雏形；（4）金属铸造的桶状火炮；（5）金属管制的火枪，当时最常见的是鸟铳枪；（6）军用烟火，包括用于各种军用信号的火器。这六类火器后来得到进一步、长足的发展，而成为近代常规枪炮等武器的始祖，从而使战争逐渐告别了冷兵器时代。

西部战火与火药西传

作为中国的四大发明之一，火药的创始、创新的体现是极其重要的。在中国至迟到 8—9 世纪的唐朝中后期已出现火药，这也是目前为止世界上出现火药最早的事实。在 10—11 世纪的五代十国与北宋朝代交替时期，火药在中国已被用于军事，出现了许多火药武器。恩格斯在自然辩证法中指出："现在已经毫无疑义地证实了火药是从中国经过印度传给了阿拉伯人，又由阿拉伯人和火药武器一道经过西班牙传入欧洲。"中国作为火药的发源地已是无可争辩的事实。

1. 蒙古西征与西亚传播

发明权的问题清晰了。那么，火药和火药武器是什么时候、以何种途径传入西方各国的呢？目前一般认为，火药、火器首先是传入伊斯兰教国家，然后通过伊斯兰教国家再传入欧洲国家的。这个过程可分为两个阶段：第一个阶段是 1225 年前后，烟火和火药的制造方法，南宋由西南经印度通过和平商道传入印度西部的伊斯兰教国家；第二阶段是从1258年起，通过元帝国西扩的战争，使各种火器在蒙古军队的征服战中传入西亚伊斯兰教国家乃至东欧国家。

元帝国建立后，各汗国在原有的基础上不断扩张。蒙古军队针对西部的伊斯兰教国家曾有三次大规模的征服战。第一次是1218年，成吉思汗率军亲征，蒙古军队沿着里海、黑海南部到达了中亚、西亚，再从波斯到达巴格达，并于1258年围困了黑衣大食的都城巴格达。在沿途的一系列战争中，蒙古军队使用了许多当时的重型火药武器。蒙古军队曾用过"铁瓶"，即震天雷，还使用了火箭、火炮、毒火罐等大威力的火器。

蒙古军西征

以巴格达为都城的黑衣大食被灭后，蒙古军队随后开始了它的第二次西征。由于蒙古军队无敌的战斗力，以大马士革为都城的白衣大食也迅速被攻占。伊斯兰教国家只剩下埃及、摩洛哥和西班牙南部的占领地。战争中胜败乃兵家常事，蒙古军队在火攻他国的同时，火药和火药武器的秘密也不可避免地遗留和传播给当地。特别是在攻打大马士革南部的战争中，马末娄克苏丹大败蒙古军。1263年蒙古军队的1300余骑士兵投奔埃及。1295年蒙古军队又有18000户从叙利亚逃入埃及，他们不仅交出了手头的大批火药武器，而且随军的工匠还把火药和火器的制作技术传授给了当地阿拉伯人。至1304年的战斗，马末娄克人也使用了从蒙古人那里学来的火药武器反击蒙古军队。阿拉伯人在掌握火药和火药制造技术后，经过自己的仿制、改进、发展，又制成了马达发、回回炮等新型火器。相对于火药及其制造技术向印度的传播，蒙古军队对中国火药的西传不是通过和平方式，而是通过战争途径传播的。

2. 欧洲东侵与火药西进

　　欧洲人对阿拉伯世界的"十字军东征"发生在 11 世纪末到 13 世纪末。随着"十字军"对阿拉伯侵略的推进，阿拉伯世界的文明成果也陆续被入侵者带回欧洲，其中也包括阿拉伯人刚从战争获得的有关火药的技术成果。火药、火药武器是在 13 世纪通过蒙古军队西侵传入伊斯兰教国家的，之后不久，也正是欧洲人把掠夺来的阿拉伯著作译成欧洲拉丁文的极盛时期，翻译家们在将阿拉伯文中有关中国传来火药译成了拉丁文时，欧洲人才开始知道关于火药的知识，但并没有接触到火药、火器。

十字军东征

1325 年，在伊斯兰教的国家军队进攻西班牙的八沙城时，欧洲人才开始接触来自攻击者的火药武器。这也再次证明了恩格斯的论断："法国和欧洲其他各国是从西班牙的阿拉伯人那里得知火药的制造和使用，而阿拉伯人则是从他们东面的各国人民那里学来的，后者却又是从最初的发明者——中国人那里学来的。"

3. 火药打开的殖民时代

13 世纪末，欧洲的"十字军东征"结束，从阿拉伯世界带回来的东方文明成果对随后的欧洲产生了巨大的影响，生产力快速发展，封建社会后新兴的资产阶级群体也迅速壮大起来。火药、火药武器传入欧洲后，很适时地提高了新兴资产阶级的武装力量，并在他们对抗和战胜封建贵族的斗争中发挥了巨大的作用。在开辟新商道的地理探险活动中，哥伦布发现美洲新大陆和麦哲伦环球航海的成功，激发了欧洲人更大的探索世界激情。葡萄牙、西班牙、荷兰、英国等航海大

海上殖民时期的火炮

国的资产阶级在新大陆和新航线上开始了对外扩张活动。他们组成了强大的枪炮船舰，带着源自中国的火药火器，以及经改进和发展而来的近代枪炮装备，开辟殖民地并疯狂掠夺着美洲、非洲和亚洲国家的巨量资源财富。

更让人没有想到的是，中国先人们发明的火药、火器技术，几经传播，从东亚到西亚、欧洲、美洲、东南亚，又回到了它的发源地中国，而这一次的回归不是温情的"省亲"故土，而是西方资本主义国家对中华民族的残酷侵略和殖民掠夺。1840—1860 年的两次鸦片战争，西方资本主

义国家利用中国四大发明之一火药成果改造的猛烈炮火打开了我们的国门，使一个曾经辉煌的东方大国逐渐步入半封建半殖民地的境地。在随后展开的洋务运动中，中国人民经过痛定思痛的反思，除政治制度外，逐渐认清了科学技术的本质和力量，在变法图强运动中、在民族解放斗争中、在科教兴国建设中，逐步探索出了振兴中华、实现民族图强的思想方法，探索到了实现百年强国梦想的科教兴国道路。